Page 116

3.8 光影特效描边字

技术难度：★★★★　实用指数：★★★★

学习技巧：在"外观"面板中设置数字的描边属性，使数字具有多重描边效果。通过渐变与混合模式来协调画面的整体色调。

MORE ▶

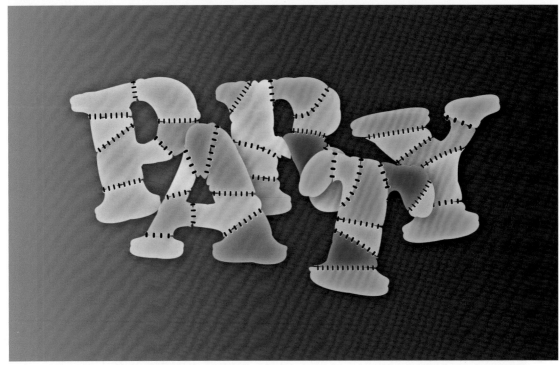

Page 111

3.7 趣味卡通布块字

技术难度：★★★☆ 实用指数：★★★★

学习技巧：将文字分割成块面，制作成绒布效果，再自定义一款笔刷，制作缝纫线。

MORE >

插画·特效字·纹理质感·UI·包装·动漫·封面·海报·POP·写实效果·名片·吉祥物

3.2 手绘风格线绳字 *Page 95*

3.5 涂抹风格橡胶字 *Page 107*

3.10 艺术化电路板字 *Page 127*

Page 185

6.2 另类潮流人物插画

技术难度：★★★　　实用指数：★★★★

学习技巧：将背景与人物图像分别导入文档中，根据人物的姿态设计制作场景及相应物品。

8.7 *Page 299*
动漫角色造型设计
技术难度：★★★★ 实用指数：★★★★★

学习技巧：绘制美少女，表现皮肤与头发的质感，添加光斑效果，编辑背景图片，创建景深效果。

  MORE ＞

5.4 制作包装盒展开图 *Page 176*

Page 316

8.8 Mix & match风格插画设计

技术难度：★★★★★　实用指数：★★★★★

学习技巧：使用Photoshop中的智能对象、图像堆栈、混合模式等功能处理图像，再导入到Illustrator中添加独特的图形元素，制作一幅Mix & match风格的插画。

MORE ›

Page 157

5.2 可乐瓶设计

技术难度：★★★★　实用指数：★★★★★

学习技巧：绘制漂亮的图案，定义为符号。使用3D绕转命令制作可乐瓶、瓶盖，使用自定义的符号为可乐瓶贴图。

MORE ▶

插画·**特效字**·纹理质感·UI·**包装**·动漫·封面·海报·POP·写实效果·名片·吉祥物

3.6 前卫艺术涂鸦字　*Page 108*

8.6 手机UI设计　*Page 285*

2.8 实战封套：口香糖广告　*Page 51*

5.3 光盘包装设计　*Page 166*

Page 215

7.2 **绘制写实效果人物**

技术难度：★★★★★　实用指数：★★★★★

学习技巧：运用Illustrator的渐变网格功能，通过编辑网格点、为网格点着色对颜色的变化进行精确地控制。表现皮肤质感、刻画人物眼神、制作发丝。

 MORE ❯

2.15 *Page 82*

实战动画：制作手机动画
技术难度：★★　　实用指数：★★★

学习技巧：在Illustrator中制作表情动画所需的图形，导出为GIF格式动画。

MORE >

插画·特效字·纹理质感·UI·包装·动漫·封面·海报·POP·写实效果·名片·吉祥物

2.7 实战变换：分形艺术 *Page 47*

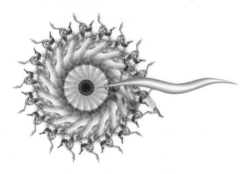

2.5 实战画笔：外星人新年贺卡 *Page 37*

2.10 实战图层与蒙版：运动鞋设计 *Page 61*

Page 201

6.4 新锐插画设计
技术难度：★★★★★ 实用指数：★★★★★

学习技巧：将视觉形象秩序化，由重复构成到群化构成，形成繁复且和谐统一的装饰效果。

MORE >

插画・特效字・纹理・UI・包装・动漫・封面・海报・POP・写实效果・名片・吉祥物・图表

2.9 实战混合：制作6种风格的装饰相框 *Page 55*

2.14 实战图表：服装尺寸图表制作
Page 79

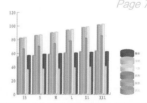

2.1 实战绘图：吉祥物设计
Page 22

2.6 实战符号：制作书签和壁纸 *Page 41*

3.1 *Page 90*
时尚装饰立体字
技术难度：★★★　实用指数：★★★

学习技巧：先绘制缤纷的图形，然后将其嵌入到字母中，再制作成立体字。

MORE ›

插画·特效字·纹理质感·UI·包装·动漫·封面·海报·POP·写实效果·名片·3D

2.11 实战图形效果：生肖纽扣
Page 65

2.12 实战3D效果：平台玩具设计
Page 69

3.9 真实质感金属字 *Page 122*

8.4 *Page 253*
封面设计
技术难度：★★★　　实用指数：★★★★★

学习技巧：将符号样本作为普通图形进行编辑。使用魔棒工具选取图形，调整颜色和描边属性，再以图案进行填充，使图形产生纹理感，从而制作出各种可爱的装饰图形。

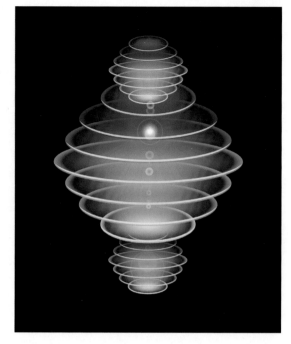

Page 30

2.3 **实战渐变：七彩玲珑灯**

技术难度：★★★　实用指数：★★★★

学习技巧：使用渐变表现玲珑剔透的质感效果。

MORE

插画· · ·UI·包装·动漫·封面·海报·POP·写实效果·名片·吉祥物

2.13 实战文字：诗集页面设计
Page 75

4.2.5 水晶花纹 *Page 152*

4.2.1 矩阵网点 *Page 146*

3.4 3D空间立体字 *Page 102*

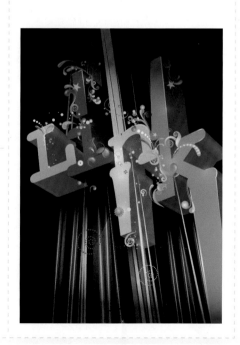

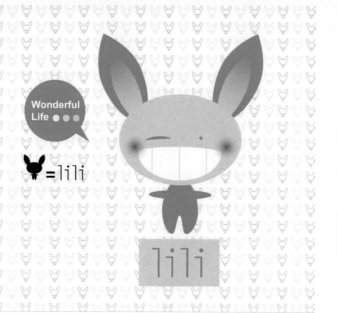

Wonderful
Life ●●●

♥=lili

Page 237

8.2 卡通吉祥物
形象设计

技术难度：★ ★ ★

实用指数：★ ★ ★

学习技巧：绘制可爱的形象，学习图形与路径的镜像，以及如何自定义图案，对图案进行缩放。

MORE ▶

插画·特效字·纹理·UI·包装·动漫·制面·海报·POP·写实效果·名片 吉祥物

4.1 5款布纹的制作方法：麻纱、棉布、迷彩、牛仔布、呢料 *Page 136*

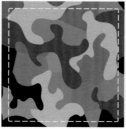

8.1 名片设计 *Page 230*

8.3 POP广告设计 *Page 244*

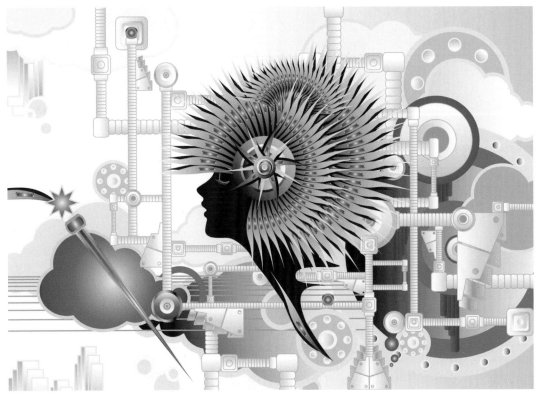

Page 193

6.3 装饰风格插画

技术难度：★★★★　　实用指数：★★★★

学习技巧：通过绘制与变换图形制作装饰风格的插画。

MORE >

插画·特效字·纹理质感·UI·包装·动漫·封面·海报·POP·写实效果·名片·吉祥物

8.5 艺术展海报设计 *Page 272*

2.4 实战网格：开心小贴士 *Page 35*

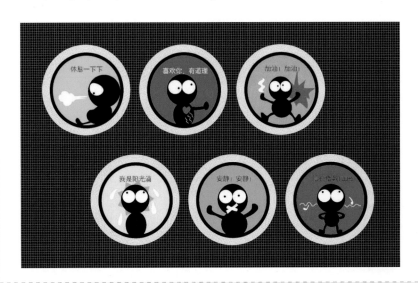

Page 324

8.9 制作CG插画

技术难度：★★★★★ 实用指数：★★★★★

学习技巧：将位图图像制作为矢量插画，精修描摹结果，表现小号光滑的质感。

MORE ›

4.2.4 多彩光线 *Page 150*

3.3 石刻字 *Page 97*

多媒体课堂——视频教学76例

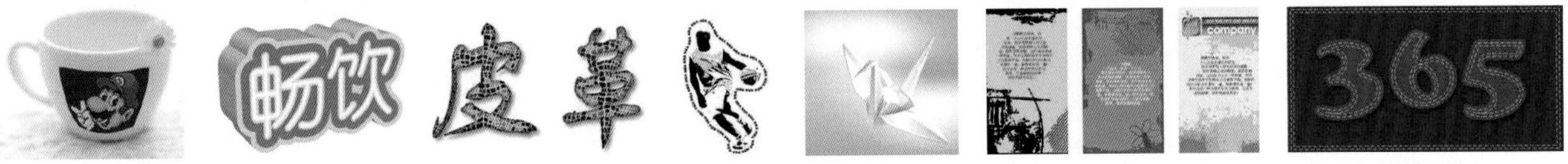
畅饮
皮革
365

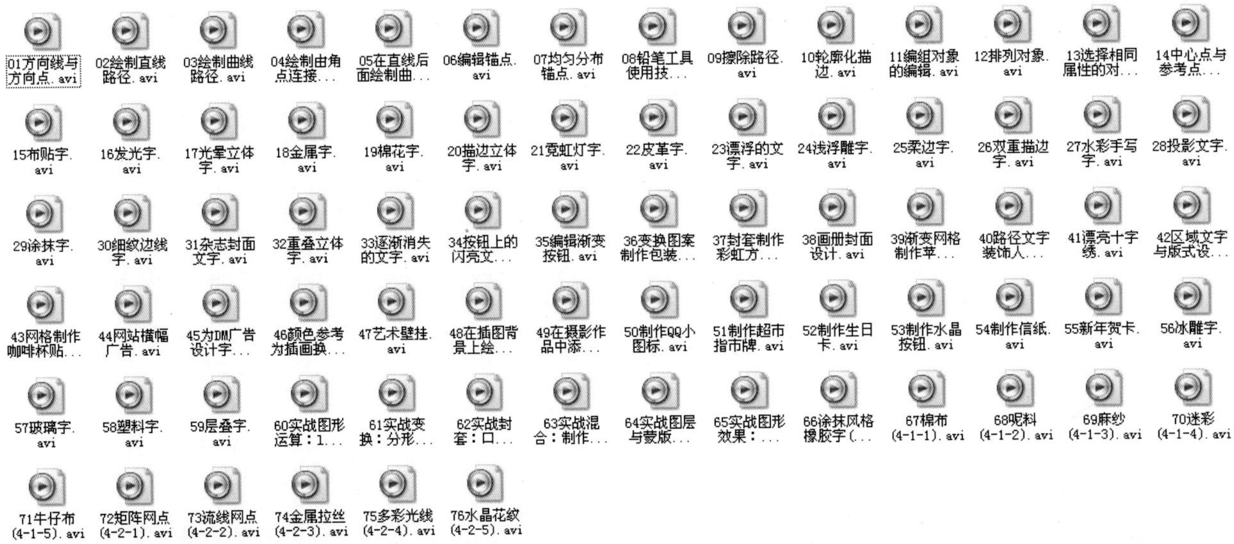
01方向线与方向点.avi
02绘制直线路径.avi
03绘制曲线路径.avi
04绘制由角点连接...
05在直线后面绘制曲...
06编辑锚点.avi
07均匀分布锚点.avi
08铅笔工具使用技...
09擦除路径.avi
10轮廓化描边.avi
11编组对象的编辑.avi
12排列对象.avi
13选择相同属性的对...
14中心点与参考点...
15布贴字.avi
16发光字.avi
17光晕立体字.avi
18金属字.avi
19棉花字.avi
20描边立体字.avi
21霓虹灯字.avi
22皮革字.avi
23漂浮的文字.avi
24浅浮雕字.avi
25柔边字.avi
26双重描边字.avi
27水彩手写字.avi
28投影文字.avi
29涂抹字.avi
30细纹边线字.avi
31杂志封面文字.avi
32重叠立体字.avi
33逐渐消失的文字.avi
34按钮上的闪亮文...
35编辑渐变按钮.avi
36变换图案制作包装...
37封套制作彩虹方...
38画册封面设计.avi
39渐变网格制作苹...
40路径文字装饰人...
41漂亮十字绣.avi
42区域文字与版式设...
43网格制作咖啡杯贴...
44网站横幅广告.avi
45为DM广告设计字...
46颜色参考为插画换...
47艺术壁挂.avi
48在插图背景上绘...
49在摄影作品中添...
50制作QQ小图标.avi
51制作超市指市牌.avi
52制作生日卡.avi
53制作水晶按钮.avi
54制作信纸.avi
55新年贺卡.avi
56冰雕字.avi
57玻璃字.avi
58塑料字.avi
59层叠字.avi
60实战图形运算：1...
61实战变换：分形...
62实战封套：口...
63实战混合：制作...
64实战图层与蒙版...
65实战图形效果：...
66涂抹风格橡胶字(...
67棉布(4-1-1).avi
68呢料(4-1-2).avi
69麻纱(4-1-3).avi
70迷彩(4-1-4).avi
71牛仔布(4-1-5).avi
72矩阵网点(4-2-1).avi
73流线网点(4-2-2).avi
74金属拉丝(4-2-3).avi
75多彩光线(4-2-4).avi
76水晶花纹(4-2-5).avi

AI格式素材

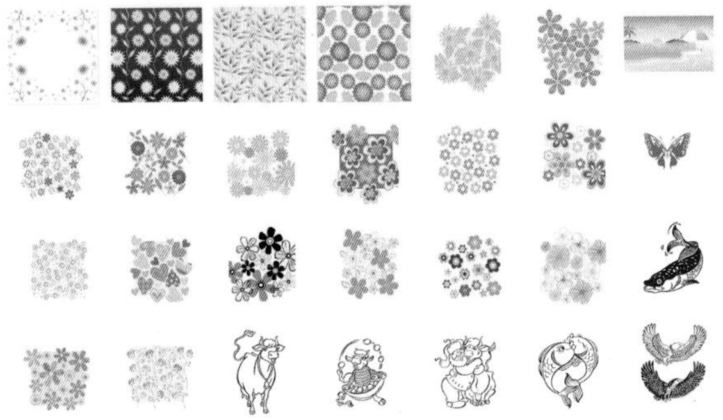

EPS格式素材

色谱表（电子书）

Named	Numeric	Color Name		Hex RGB	Decimal
		LightPink	浅粉红	#FFB6C1	255,182,193
		Pink	粉红	#FFC0CB	255,192,203
		Crimson	猩红/深红	#DC143C	220,20,60
		LavenderBlush	淡紫红	#FFF0F5	255,240,245
		PaleVioletRed	弱紫罗兰红	#DB7093	219,112,147
		HotPink	热情的粉红	#FF69B4	255,105,180
		DeepPink	深粉红	#FF1493	255,20,147
		MediumVioletRed	中紫罗兰红	#C71585	199,21,133
		Orchid	兰花紫	#DA70D6	218,112,214

CMYK色谱手册（电子书）

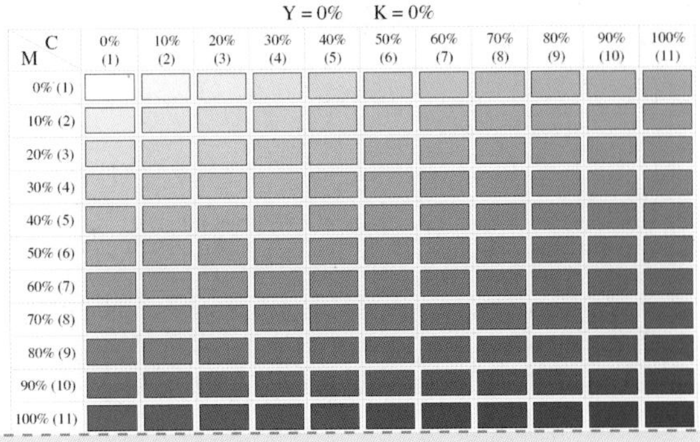
Y = 0%   K = 0%
M C
0% (1)
10% (2)
20% (3)
30% (4)
40% (5)
50% (6)
60% (7)
70% (8)
80% (9)
90% (10)
100% (11)

突破平面

李金蓉 / 编著

Illustrator CS5

设计与制作深度剖析

清华大学出版社
北京

内 容 简 介

本书以设计项目实战的形式，解密设计工作的设计与制作流程，详细解读Illustrator CS5的各种功能和技巧，案例数量多达110个，类型涵盖特效字、纹理、特效背景、包装设计、插画、相片级写真效果、名片设计、吉祥物设计、POP设计、封面设计、海报设计、插画设计、UI设计、动漫设计、CG设计等众多Illustrator应用领域。

本书实例精彩、效果精美，具有较强的趣味性和针对性，适合从事平面设计、包装设计、插画设计、动画设计、网页设计的人员学习使用，也可作为高等院校相关设计专业的教材。

图书在版编目（CIP）数据

突破平面Illustrator CS5设计与制作深度剖析/李金蓉编著.—北京：清华大学出版社，2012.4（2024.8重印）
（平面设计与制作）
ISBN 978-7-302-27420-9

Ⅰ.①突… Ⅱ.①李… Ⅲ.①图形软件，Illustrator CS5 Ⅳ.①TP391.41

中国版本图书馆CIP数据核字（2011）第247757号

责任编辑：陈绿春
封面设计：潘国文
责任校对：胡伟民
责任印制：宋 林

出版发行：清华大学出版社
　　　　网　　　址：https://www.tup.com.cn，https://www.wqxuetang.com
　　　　地　　　址：北京清华大学学研大厦A座　　　　邮　　编：100084
　　　　社 总 机：010-83470000　　　　　　　　　　邮　　购：010-62786544
　　　　投稿与读者服务：010-62776969，c-service@tup.tsinghua.edu.cn
　　　　质量反馈：010-62772015，zhiliang@tup.tsinghua.edu.cn
印 装 者：涿州市般润文化传播有限公司
经　　销：全国新华书店
开　　本：203mm×260mm　　　印　张：18.5　　　插 页：8　　　字　数：540千字
　　　　　（附DVD1张）
版　　次：2012年4月第1版　　　印　次：2024年8月第15次印刷
定　　价：66.00 元

产品编号：044685-01

前言

本书通过大量精彩实例,详细解读Illustrator CS5在特效字、纹理表现、特效背景、包装设计、插画、相片级写真效果表现、名片设计、吉祥物设计、POP设计、封面设计、海报设计、UI设计、包装设计、动漫设计、插画设计等领域的应用。深入剖析了Illustrator CS5的各种功能和使用技巧,解密设计项目的表现流程。实例总数多达110个,其中,书中详细讲解了51个实例,其他实例则以"多媒体课堂"的形式录制为视频教学录像,并存放于光盘中。

第1章简要介绍了Illustrator CS5的基本使用方法,适合初学者快速上手,为顺利学习后面的实例打下基础。

第2章通过实例解读了Illustrator最为重要的15种功能,从绘图、图形运算、渐变、网格图形等基本技能,到画笔、符号、变换、封套、混合、图层、蒙版、效果等使用技巧,再到文字、图表、动画等应用功能,由浅入深。这些实例都具有很强的代表性和一定的趣味性,可以让读者在操作的过程中充分领会Illustrator的强大和神奇,从而激发学习兴趣。

第3章和第4章分别介绍了特效字、特效纹理和炫彩背景的制作方法。

第5章和第6章分别介绍了包装设计、插画设计的实战技巧。

第7章解读照片级写真效果的表现方法,剖析怎样通过渐变网格绘制真实效果的人物。

第8章为综合实例,包含各种类型的设计项目,案例质量高,效果精美,技术全面。

附录部分提供了Illustrator常用的快捷键,帮助读者提高绘图效率。

本书附赠1张DVD光盘,包含所有实例的素材文件、最终效果文件和"多媒体课堂——视频教学76例"。此外,还附赠了AI和EPS格式的矢量素材,以及用于印刷和配色的

《CMYK色谱手册》和《色谱表》电子书。

本书由李金蓉主笔，参与编写工作的还包括李金明、李哲、王熹、邹士恩、刘军良、姜成繁、白雪峰、贾劲松、包娜、徐培育、李志华、谭丽丽、李宏宇、王欣、陈景峰、李萍、贾一、崔建新、徐晶、王晓琳、许乃宏、张颖、苏国香、宋茂才、宋桂华、李锐、尹玉兰、马波、季春建、于文波、李宏桐、王淑贤、周亚威等。如果您在学习过程中遇到问题，请发送邮件至ai_book@126.com，我们会及时为您解答。

目录
PREFACE

第1章　从零开始

1.1	认识数字化图形 ····· 2
1.2	Illustrator CS5新增功能 ····· 3
1.3	Illustrator CS5工作界面 ····· 4
1.3.1	文档窗口 ····· 4
1.3.2	工具和控制面板 ····· 6
1.3.3	面板 ····· 7
1.3.4	菜单命令 ····· 8
1.4	基本操作方法 ····· 9
1.4.1	新建、打开与保存文件 ····· 9
1.4.2	查看图稿 ····· 10
1.4.3	选择和移动对象 ····· 11
1.4.4	编组 ····· 12
1.4.5	显示、隐藏与锁定 ····· 12
1.4.6	填充与描边的设定 ····· 13
1.4.7	还原与重做 ····· 14
1.5	基本绘图方法 ····· 14
1.5.1	路径与锚点 ····· 14
1.5.2	用钢笔工具绘图 ····· 14
1.5.3	选择和移动锚点 ····· 16
1.5.4	修改路径形状 ····· 17
1.5.5	添加和删除锚点 ····· 18
1.5.6	延长和连接路径 ····· 18

第2章　Illustrator CS5重要功能全接触

2.1	实战绘图：吉祥物设计 ····· 20
2.1.1	用铅笔工具绘图 ····· 20
2.1.2	绘制吉祥物 ····· 21

2.2　实战图形运算：Logo设计 ·············· 23

　　2.2.1　图形运算方法 ······················· 23

　　2.2.2　绘制Logo ··························· 25

2.3　实战渐变：七彩玲珑灯 ·················· 27

　　2.3.1　编辑渐变颜色 ······················· 28

　　2.3.2　制作七彩玲珑灯 ····················· 29

2.4　实战网格：开心小帖士 ·················· 32

　　2.4.1　基本图形绘制工具 ··················· 32

　　2.4.2　绘制一套图标 ······················· 33

2.5　实战画笔：外星人新年贺卡 ·············· 34

　　2.5.1　画笔工具 ··························· 34

　　2.5.2　绘制外星人 ························· 35

　　2.5.3　绘制背景 ··························· 37

2.6　实战符号：制作书签和壁纸 ·············· 38

　　2.6.1　解读符号 ··························· 38

　　2.6.2　制作小房子 ························· 39

　　2.6.3　定义和使用符号 ····················· 40

　　2.6.4　制作壁纸 ··························· 42

2.7　实战变换：分形艺术 ···················· 43

　　2.7.1　变换方法 ··························· 43

　　2.7.2　制作分形效果 ······················· 44

2.8　实战封套：口香糖广告 ·················· 46

　　2.8.1　封套扭曲 ··························· 46

　　2.8.2　扭曲文字 ··························· 47

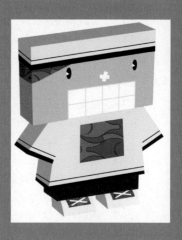

2.9　实战混合：制作6种风格的装饰相框 ······· 49

　　2.9.1　解读混合 ··························· 50

　　2.9.2　制作相框 ··························· 51

2.10　实战图层与蒙版：运动鞋设计 ··········· 54

　　2.10.1　解读图层和蒙版 ··················· 55

　　2.10.2　制作运动鞋 ······················· 56

2.11　实战图形效果：生肖钮扣 ··············· 58

　　2.11.1　效果与外观 ······················· 58

　　2.11.2　制作钮扣 ························· 59

2.12　实战3D效果：平台玩具设计 ············· 62

　　2.12.1　关于3D效果 ······················· 63

　　2.12.2　制作3D卡通人 ····················· 63

2.13　实战文字：诗集页面设计 ··············· 67

　　2.13.1　文字的创建方法 ··················· 68

　　2.13.2　页面设计 ························· 69

2.14　实战图表：服装尺寸图表制作 ··········· 71

突破平面

Illustrator CS5 设计与制作深度剖析

    2.14.1 关于图表 ……………………………… 72
    2.14.2 制作图表 ……………………………… 73
  2.15 实战动画：制作手机动画 ……………… **74**
    2.15.1 Illustrator与Flash ……………………… 75
    2.15.2 制作关键帧所需图形 ………………… 75
    2.15.3 制作8种不同的表情 ………………… 76
    2.15.4 输出动画 ……………………………… 79

第3章 特效字实战技巧

  3.1 时尚装饰立体字 ………………………… **82**
    3.1.1 绘制文字内的装饰图案 ……………… 82
    3.1.2 将图案装入文字内 …………………… 84
    3.1.3 制作有质感的立体效果 ……………… 85
  3.2 手绘风格线绳字 ………………………… **86**
  3.3 石刻字 …………………………………… **88**
  3.4 3D空间立体字 …………………………… **92**
    3.4.1 制作彩色积木字 ……………………… 93
    3.4.2 使文字更具装饰性 …………………… 94
    3.4.3 制作缤纷的空间效果 ………………… 95
  3.5 涂抹风格橡胶字 ………………………… **97**
    3.5.1 文字的涂鸦效果 ……………………… 97
    3.5.2 边缘粗糙化 …………………………… 98
  3.6 前卫艺术涂鸦字 ………………………… **98**
    3.6.1 文字图形化 …………………………… 99
    3.6.2 制作绚丽的描边效果 ………………… 99
  3.7 趣味卡通布块字 ………………………… **101**
    3.7.1 制作切片文字 ………………………… 101
    3.7.2 制作绒布效果 ………………………… 102
    3.7.3 模拟缝纫线效果 ……………………… 103
  3.8 光影特效描边字 ………………………… **105**
    3.8.1 制作多重描边效果 …………………… 105
    3.8.2 文字的渐隐效果 ……………………… 107
    3.8.3 协调色调与装饰画面 ………………… 108
  3.9 真实质感金属字 ………………………… **111**
    3.9.1 制作立体字 …………………………… 111
    3.9.2 添加纹理 ……………………………… 111
    3.9.3 表现光泽与投影 ……………………… 113
  3.10 艺术化电路板字 ………………………… **115**
    3.10.1 制作文字 …………………………… 115

3.10.2　制作电路板 ……………………………………… 116

3.10.3　光泽与立体效果 ………………………………… 118

第4章　特效纹理实战技巧

4.1　5款布纹的制作方法 ……………………………… 122

4.1.1　棉布 ……………………………………………… 122

4.1.2　呢料 ……………………………………………… 123

4.1.3　麻纱 ……………………………………………… 125

4.1.4　迷彩 ……………………………………………… 126

4.1.5　牛仔布 …………………………………………… 128

4.2　5款炫彩背景的制作方法 ………………………… 129

4.2.1　矩阵网点 ………………………………………… 129

4.2.2　流线网点 ………………………………………… 130

4.2.3　金属拉丝 ………………………………………… 131

4.2.4　多彩光线 ………………………………………… 133

4.2.5　水晶花纹 ………………………………………… 134

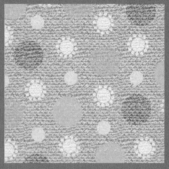

第5章　包装设计实战技巧

5.1　包装的种类 ………………………………………… 138

5.1.1　包装的类型 ……………………………………… 138

5.1.2　包装的设计定位 ………………………………… 139

5.2　可乐瓶设计 ………………………………………… 139

5.2.1　制作表面图案 …………………………………… 140

5.2.2　制作可乐瓶 ……………………………………… 142

5.2.3　制作瓶盖 ………………………………………… 144

5.2.4　制作投影和背景 ………………………………… 145

5.3　光盘包装设计 ……………………………………… 146

5.3.1　制作向上飘浮的文字 …………………………… 146

5.3.2　制作装饰效果的背景 …………………………… 147

5.3.3　制作光盘 ………………………………………… 150

5.4　制作包装盒展开图 ………………………………… 153

5.4.1　制作图案 ………………………………………… 154

5.4.2　制作文字 ………………………………………… 156

第6章　插画设计实战技巧

6.1　插画的风格 ………………………………………… 160

6.2　另类潮流人物插画 ………………………………… 161

6.2.1　为人物制作投影效果 …………………………… 161

6.2.2　制作秋千 ……………………………… 163
6.2.3　绘制太阳 ……………………………… 165
6.2.4　绘制天空及地面 ……………………… 166

6.3　装饰风格插画 ………………………………… 168
6.3.1　制作戴头盔的人物 …………………… 168
6.3.2　制作机械臂 …………………………… 170
6.3.3　添加机械组件和云朵 ………………… 171
6.3.4　制作宝剑 ……………………………… 173

6.4　新锐插画设计 ………………………………… 174
6.4.1　创建重复构成形式的符号 …………… 174
6.4.2　群化构成 ……………………………… 176
6.4.3　为人物化妆 …………………………… 180

第7章　照片级写真效果实战技巧

7.1　渐变网格 ……………………………………… 183
7.1.1　创建网格对象 ………………………… 183
7.1.2　编辑网格点 …………………………… 183
7.1.3　编辑网格颜色 ………………………… 184

7.2　绘制写实效果人物 …………………………… 185
7.2.1　绘制面部 ……………………………… 185
7.2.2　绘制眼睛 ……………………………… 188
7.2.3　绘制鼻子 ……………………………… 193
7.2.4　绘制嘴唇 ……………………………… 194
7.2.5　绘制头发 ……………………………… 195

第8章　设计项目实战技巧

8.1　名片设计 ……………………………………… 198
8.1.1　名片设计知识 ………………………… 198
8.1.2　制作名片正面的图形 ………………… 198
8.1.3　制作名片上的文字 …………………… 201
8.1.4　制作名片背面 ………………………… 202

8.2　卡通吉祥物形象设计 ………………………… 204
8.2.1　卡通吉祥物的类型与设计要求 ……… 204
8.2.2　制作吉祥物 …………………………… 206
8.2.3　制作装饰图案 ………………………… 209

8.3　POP广告设计 ………………………………… 211
8.3.1　POP广告的种类 ……………………… 211
8.3.2　制作平面图形 ………………………… 212
8.3.3　制作粗描边的弧形字 ………………… 214
8.3.4　添加文字介绍 ………………………… 216

　　8.3.5　制作投影 ……………………………………… 217

8.4　封面设计 …………………………………… **219**

　　8.4.1　封面的构成要素与表现方法 ………… 219

　　8.4.2　制作封面底图 …………………………… 220

　　8.4.3　制作小怪物形象 ………………………… 227

　　8.4.4　制作封面文字 …………………………… 231

8.5　艺术展海报设计 …………………………… **235**

　　8.5.1　海报的种类与表现方法 ………………… 235

　　8.5.2　版面构图 …………………………………… 238

　　8.5.3　创建彩色枫叶符号实例 ………………… 240

　　8.5.4　制作版画人物 …………………………… 242

　　8.5.5　制作装饰图形 …………………………… 244

8.6　手机UI设计 ………………………………… **246**

　　8.6.1　UI设计的应用领域 ……………………… 247

　　8.6.2　绘制手机 …………………………………… 247

　　8.6.3　制作状态栏 ………………………………… 251

　　8.6.4　制作屏幕背景 …………………………… 252

　　8.6.5　制作应用程序图标 ……………………… 253

　　8.6.6　制作二级界面 …………………………… 254

　　8.6.7　制作背景 …………………………………… 256

8.7　动漫角色造型设计 ………………………… **257**

　　8.7.1　关于动漫 …………………………………… 257

　　8.7.2　绘制面部和身体图形 …………………… 258

　　8.7.3　绘制五官 …………………………………… 259

　　8.7.4　表现肌肤色泽 …………………………… 263

　　8.7.5　绘制衣服 …………………………………… 264

　　8.7.6　绘制头发 …………………………………… 265

　　8.7.7　制作面部轮廓光 ………………………… 267

　　8.7.8　制作背景 …………………………………… 268

　　8.7.9　制作光斑效果 …………………………… 269

8.8　Mix & match风格插画设计 …………… **270**

　　8.8.1　在Photoshop中处理图像 ……………… 271

　　8.8.2　在Illustrator中添加插画图形 ………… 274

8.9　制作CG插画 ………………………………… **277**

　　8.9.1　制作陈旧的木板 ………………………… 278

　　8.9.2　描摹并精修金属小号 …………………… 279

　　8.9.3　添加纸张效果 …………………………… 282

附　录 ………………………………………………… **283**

第1章

从零开始

1.1 认识数字化图形

计算机平面设计软件分为两大类，一类是以Photoshop为代表的位图软件，另外一类是以Illustrator、CorelDRAW等为代表的矢量软件。

使用数码相机拍摄的照片，网页上看到的图像等属于位图，如图1-1所示。位图是由像素组成的，它的优点是可以精确地表现颜色的细微过渡，也容易在各种软件之间交换。缺点是占用的存储空间相对较大，而且会受到分辨率的制约，进行放大时图像的清晰度会下降。例如如图1-2所示为放大后的局部细节，可以看到图像已经变得有些模糊了。

矢量图是由数学概念定义的直线和曲线构成的，与分辨率没有关系，因此，无论怎样缩放，图形都会保持清晰、光滑，如图1-3和图1-4所示。矢量图的这种特点非常适合制作图标、插画等需要按照不同尺寸使用的图像，而且矢量图用存储空间相对较小。

图1-1

图1-2

图1-3

图1-4

> **提示**
>
> 像素是一种非常小的色块，几百万甚至几千万个像素才能构成一幅精美的图像。在Photoshop中用"缩放"工具可以观察到单个像素。分辨率是指单位长度内包含的像素的数量。

1.2 Illustrator CS5新增功能

1. 透视图

使用新增的"透视网格"工具可以在透视图上绘图，创造出真实的景深和距离感，还可以动态地在网格空间中移动、缩放、复制和变换对象，如图1-5所示。

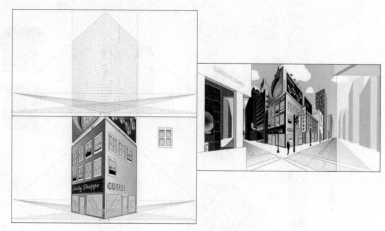

图1-5

2. 增强的描边功能

新增的宽度工具可以改变描边的宽度，如图1-6所示。另外使用"描边"面板还可以选择和定义箭头，并将箭头的尖端或尾部锁定到路径的端点，以及绕边角和开放路径末尾对称地对齐虚线。

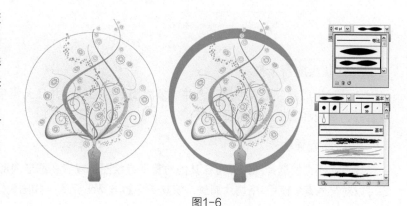

图1-6

3. 毛刷画笔

使用"毛刷画笔"工具可以绘制出像真实画笔一样的笔触，如图1-7所示。该画笔还提供了突破性的绘画控制功能，通过设置毛刷的特征，如大小、长度、厚度、硬度、毛刷密度、画笔形状和色彩不透明度，模拟出水彩、油画等效果。

图1-7

4. 多个画板增强

新增的"画板"面板可以处理多达100个不同大小的画板,如图1-8所示。可以分别使用"就地粘贴"和"在所有画板上粘贴"选项,将对象粘贴到画板上的特定位置或所有画板上的相同位置。

图1-8

5. 形状生成器工具

"形状生成器"工具可用于合并或擦除简单的形状,并且无需借助于其他工具和面板,即可完成合并、编辑和填充形状的操作。

6. 绘图增强功能

现在,不需要选择图层即可在其他对象下方绘图,或者在图形内部放置对象。此外,Illustrator CS5还可以对符号直接使用9格切片缩放,使其更容易与Web元素(如圆角矩形)兼容。

7. 效果与分辨率无关

应用"投影"、"模糊"、"纹理"等光栅类效果时,不会受到分辨率的限制,因此,效果可以在不同的媒体中保持一致的外观,而不会发生任何改变。

1.3 Illustrator CS5工作界面

1.3.1 文档窗口

Illustrator CS5的工作界面由菜单栏、工具箱、状态栏、文档窗口、面板和控制面板等组件组成,如图1-9所示。

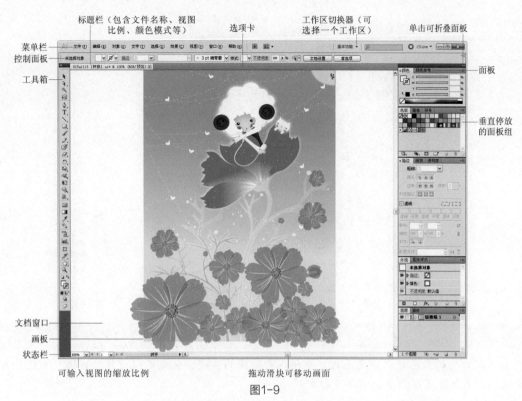

菜单栏
控制面板
工具箱

标题栏（包含文件名称、视图
比例、颜色模式等）

选项卡

工作区切换器（可
选择一个工作区）

单击可折叠面板

面板

垂直停放
的面板组

文档窗口
画板
状态栏

可输入视图的缩放比例

拖动滑块可移动画面

图1-9

文档窗口用于绘图的区域。如果同时打开多个文档，就会创建多个文档窗口，它们停放到选项卡中。单击一个文件的名称，可将其设置为当前窗口，如图1-10所示。将一个窗口从选项卡中拖出，它便成为可以任意移动位置的浮动窗口（拖动标题栏可移动），如图1-11所示。也可以将其拖回到选项卡中。单击一个窗口右上角的 × 按钮，可以关闭该窗口；如果要关闭所有窗口，可在选项卡上单击右键，选择快捷菜单中的"关闭全部"选项，如图1-12所示。

图1-10

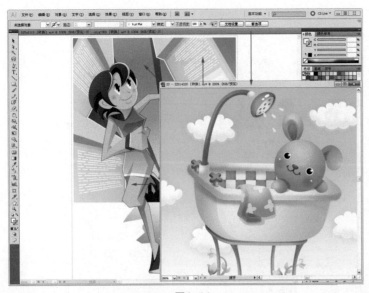

图1-11　　　　　　　　　　　　　　　　　　　　　　图1-12

➡ 提示

　　文档窗口内的黑色矩形框是画板，画板内是绘图的区域，也是可以打印的区域。画板外为暂存区域，暂存区也可以绘图，但不可打印。

1.3.2　工具和控制面板

　　工具箱中包含的是用于创建和编辑图形、页面元素的各种工具，如图1-13所示。

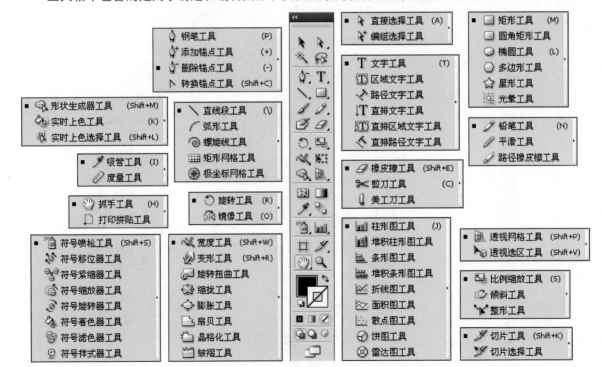

图1-13

单击一个工具即可选中该工具，如图1-14所示；右下角带有三角形图标的工具表示这是一个工具组，在这样的工具上按住鼠标可以显示隐藏的工具，如图1-15所示；移动光标至一个工具上，释放鼠标即可选中该工具，如图1-16所示。

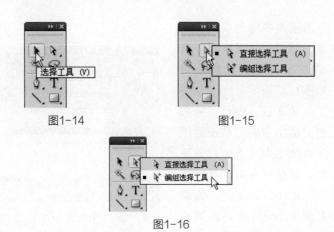

图1-14　　　　　　　　　图1-15

图1-16

选中一个工具或在窗口中选中一个图形后，控制面板中会出现相应的选项，如图1-17所示。单击带有下划线的蓝色文字，可以显示相关的面板或对话框。例如，单击"不透明度"选项，可以显示"透明度"面板，如图1-18所示。如果要关闭面板或对话框，可在窗口的空白处单击。

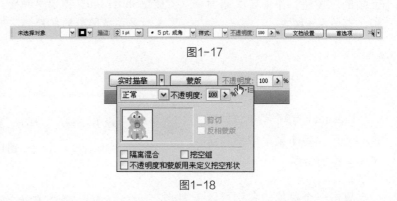

图1-17

图1-18

➡ 提示

单击工具箱顶部的 ▶▶ 图标，可以将工具切换为双排或单排显示。将光标停留在工具上，会显示工具名称和快捷键，按下快捷键即可选中该工具。

1.3.3　面板

面板用来编辑对象。例如，选择一个图形后，可通过"描边"面板调整路径的粗细。执行"窗口"菜单中的命令可以打开需要的面板。默认情况下，面板成组停放在窗口右侧，如图1-19所示。单击面板右上角的 ▶▶ 按钮，可以将它们折叠显示为图标，如图1-20所示；单击相应的图标，即可展开该面板，如图1-21所示。

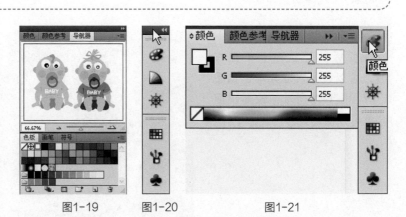

图1-19　　　图1-20　　　　　图1-21

在面板的名称上单击并向外拖曳，可将其从面板组中拖出，放在窗口中的任意位置上，如图1-22所示。此时它便成为了浮动面板，也可以将它拖回到面板组中去。单击面板右上角的 ▾☰ 按钮，可以打开面板菜单，菜单中包含一些相关的命令，如图1-23所示。如果要将面板最小化，可单击其右上角的 ▬ 按钮。如果要关闭面板，可单击 ✕ 按钮。

图1-22

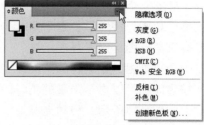

图1-23

➡ 提示 ••

按下Tab键，可以隐藏工具箱、控制面板和其他面板；按快捷键Shift+Tab，可以单独隐藏面板。再次按下相应的快捷键可重新显示被隐藏的组件。

1.3.4 菜单命令

Illustrator有9个菜单，如图1-24所示，每个菜单中都包含不同类型的命令。

Ai 文件(F) 编辑(E) 对象(O) 文字(T) 选择(S) 效果(C) 视图(V) 窗口(W) 帮助(H)

图1-24

单击一个菜单的名称可以打开该菜单并显示命令，带有黑色三角标记的命令还包含下一级的子菜单，如图1-25所示。选择一个命令即可执行该命令。如果命令后面有快捷键，如图1-26所示，则可以通过按快捷键来执行命令。例如，按下快捷键Ctrl+G可执行"对象">"编组"命令。

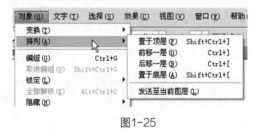

图1-25

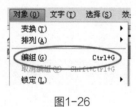

图1-26

在窗口的空白处、对象上或在面板的标题栏上单击右键，可以调出快捷菜单，如图1-27和图1-28所示，使用快捷菜单可以快速执行一些命令。

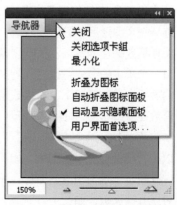

图1-27

图1-28

1.4 基本操作方法

1. 新建空白文件

执行"文件">"新建"命令，弹出"新建文档"对话框，如图1-29所示，输入文件的名称，设置大小和颜色模式等选项，单击"确定"按钮，即可创建一个空白文档。

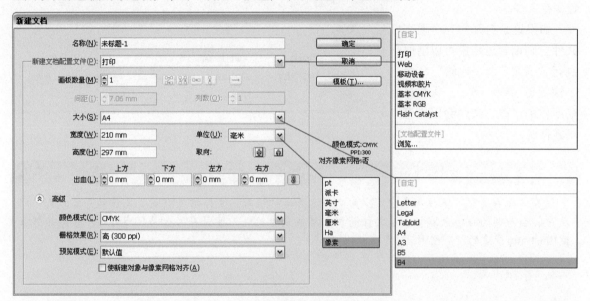

图1-29

> **提示**
>
> 颜色模式决定了显示和打印图稿时所使用的颜色模型。如果文件用于印刷，应使用CMYK模式；用于屏幕显示或Web，可以使用RGB模式。

2. 打开文件

要打开一个现有的文件（如光盘中提供的素材），可以执行"文件">"打开"命令，在弹出的"打开"对话框中选中文件，如图1-30所示。单击"打开"按钮或按下回车键，即可将其打开。如果文件较多不便于查找，可单击"文件类型"右侧的☑按钮，在下拉列表中选择一种特定的文件格式，对话框中将只显示该格式的文件。

图1-30

3. 保存文件

新建文件或对现有文件进行编辑以后，需要对处理的结果进行保存。如果这是一个新建的文档，可执行"文件">"存储"命令，在弹出的"存储为"对话框中输入文件名称，选择保存位置，如图1-31所示，并单击"保存"按钮保存文件。

如果这是打开的一个现有文件，则编辑过程中可以随时执行"文件">"存储"命令（快捷键为Ctrl+S），保存当前所作的修改，文件会以原有格式存储。

图1-31

> **提示**
>
> 在"保存类型"下拉列表中可以为文件选择一种格式。文件格式决定了文件的存储方式，以及它能否与别的程序兼容。如果文件将用于其他矢量软件，可保存为AI或EPS格式，它们能够保留Illustrator创建的所有图形元素。

1.4.2　查看图稿

在绘图或编辑对象时，需要经常放大或缩小视图，或者调整对象在窗口中的显示位置，以便更好地观察和处理对象的细节。

如果要进行放大操作，可以使用"缩放"工具在窗口中单击，如图1-32和图1-33所示。如果想要放大某一范围内的对象，可单击并拖出一个矩形框将其框住，如图1-34所示。释放鼠标后，矩形框内的对象就会填满整个窗口，如图1-35所示。如果要缩小窗口的显示比例，可按住Alt键单击。

图1-32

图1-33

图1-34

图1-35

突破平面Illustrator CS5设计与制作深度剖析

如果要移动画面查看其他区域，可以使用"抓手"工具在窗口中单击并拖曳鼠标，如图1-36所示。使用"缩放"工具或其他工具时，按住空格键（可切换为"抓手"工具）拖曳鼠标也可以移动画面，这样操作更加便捷。此外，也可以用"导航器"面板来处理，操作方法非常简单，只需在该面板的对象缩览图上单击，即可将单击点定位为画面的中心，如图1-37所示。

图1-36

图1-37

➜ 巧用预览模式和轮廓模式

Illustrator有两种显示模式，默认情况下，为彩色的预览模式。如果编辑复杂的图形，屏幕的刷新速度会变慢，而且由于互相叠加，有些图形也不便于选择。此时可执行"视图" > "轮廓"命令，切换为轮廓模式，画面中就会显示对象的轮廓框。如果只需要将部分对象切换为轮廓模式，可按住Ctrl键在"图层"面板中单击该图层前的"眼睛"图标，该层中的对象就会切换为轮廓模式（"眼睛"图标会变为状）。按住Ctrl键再次单击可切换回预览模式。

预览模式下的彩色图稿

轮廓模式下的线框图稿

单击"眼睛"图标将部分图形切换为轮廓模式

1.4.3 选择和移动对象

在编辑对象前，首先要将其选中。如果要选中一个对象，可以使用"选择"工具单击它，选中的对象周围会出现定界框，如图1-38所示；如果要选择多个对象，可单击并拖曳一个矩形选框，将它们框选住，如图1-39所示，或者按住Shift键分别单击这些对象；如果要取消某些对象的选中状态，也是按住Shift键单击它们。

图1-38

图1-39

选择对象以后，在其上单击拖曳即可移动对象，如图1-40所示。如果按住Alt键拖曳鼠标，则可以复制出新的对象，如图1-41所示。按下Delete键，可删除所选对象。在画面的空白处单击，可以取消选中状态。

图1-40　　　　　　　　　　　　　图1-41

1.4.4　编组

在Illustrator中，一个复杂的对象往往由许多图形组成，如图1-42和图1-43所示。为了便于选择和管理对象，可以将它们编为一组，在进行移动、旋转和缩放等操作时，它们可以一同变化。

选中多个对象，如图1-44所示，执行"对象"＞"编组"命令，或按快捷键Ctrl+G，即可将它们编为一组，如图1-45所示。

图1-42　　　　　图1-43　　　　　　　图1-44　　　　　　图1-45

编组后，图形会成为一个整体，如果要选择组中的单个对象，可以使用"编组选择"工具单击该对象；双击可以选择光标下面对象所在的组；如果要取消编组，可以使用"选择"工具选中该组，按快捷键Ctrl+Shift+G。

1.4.5　显示、隐藏与锁定

绘图时，每绘制一个图形，"图层"面板中就会生成一个子图层，用于保存该图形。在"图层"面板中每个层前面都有一个"眼睛"图标，用来控制对象是否可见，如图1-46所示。单击该图标，可以隐藏对象，如图1-47所示。再次单击，则重新显示图形。

图1-46　　　　　　　　　　　　　图1-47

如果在子图层"眼睛"图标 右侧的方格上单击，则会显示出一个锁状图标 ，如图1-48所示，表示该图层中的对象已被锁定，无法选中和编辑。当需要保护某些图形不被修改时，即可通过这种方法将其锁定。如果在图层的"眼睛"图标 右侧单击，可锁定整个图层组，如图1-49所示。如果要解除锁定，可以单击 图标。

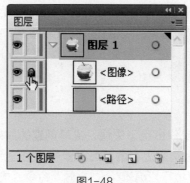

图1-48

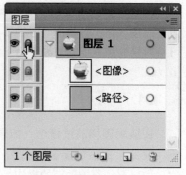

图1-49

1.4.6 填充与描边的设定

填充和描边是为对象上色的一种方法。填充是指在开放或闭合的路径内部填充颜色、图案或渐变，描边则是指将路径设置为可见的轮廓。工具箱中包含一组填充和描边设置选项，如图1-50所示。

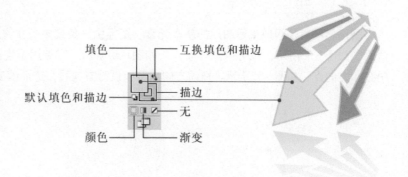

图1-50

在设置填充或描边时，首先要选中对象，并在工具箱中单击"填充"或"描边"按钮，将其设置为当前编辑状态，再通过"颜色"、"色板"、"描边"等面板设置填充和描边的内容。例如，如图1-51所示是为对象填充渐变的操作，如图1-52所示是描边操作。创建路径或形状后，可以随时修改填充或描边。

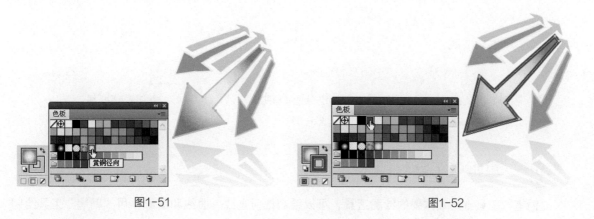

图1-51   图1-52

单击"默认填色和描边"按钮 ，可将对象的填充和描边颜色设置为系统默认的颜色（黑色描边、白色填充）；单击"互换填色和描边"按钮 ↰，可互换填充和描边的内容；单击"无"按钮 ⃠，可将对象的填充或描边设置为无色；单击"渐变"按钮 ▣，可以使用渐变进行填充。

1.4.7 还原与重做

在编辑图稿的过程中，如果操作出现了失误，或对创建的效果不满意，可执行"编辑">"还原"命令，或按快捷键Ctrl+Z，撤销所进行的最后一步操作。连续按快捷键Ctrl+Z，可连续撤销操作。如果要恢复被撤销的操作，可执行"编辑">"重做"命令，或按快捷键Ctrl+Shift+Z。

1.5 基本绘图方法

1.5.1 路径与锚点

路径与锚点是组成矢量图形的基本元素。路径由一条或多条直线或曲线路径段组成，它可以是闭合的，如图1-53所示；也可以是开放的，如图1-54所示。锚点用于连接路径段。曲线上的锚点包含方向线和方向点，如图1-55所示。拖动方向点可以调整方向线，进而改变曲线的形状。

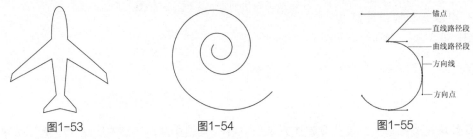

图1-53　　　　　　　　图1-54　　　　　　　　图1-55

锚点分为两种，一种是平滑点，另外一种是角点。平滑的曲线由平滑点连接而成，如图1-56所示，转角曲线和直线由角点连接而成，如图1-57和图1-58所示。

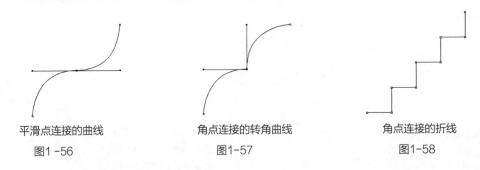

平滑点连接的曲线　　　　　角点连接的转角曲线　　　　　角点连接的折线
图1-56　　　　　　　　图1-57　　　　　　　　图1-58

1.5.2 用钢笔工具绘图

"钢笔"工具 ✒ 是最重要的绘图工具，可以绘制任何直线、曲线和图形。用"钢笔"工具绘制的曲线称为"贝塞尔曲线"，它是由法国计算机图形学大师Pierre E.Bézier在20世纪70年代早期开发的，现在被广泛地应用于计算机图形领域。像Photoshop、CorelDRAW、Flash、3ds Max等软件都可以绘制贝塞尔曲线，因此，能够熟练使用"钢笔"工具，对于学习其他软件也是很有帮助的。

1. 绘制直线

选择"钢笔"工具 ✒️，在画面中单击可以创建锚点，将光标移至其他位置单击，即可创建直线路径。按住Shift键操作可绘制水平、垂直或以45°为增量的直线。

如果要结束开放式路径的绘制，可按住Ctrl键在远离对象的位置单击，或者选择工具箱中的其他工具。如果要封闭路径，可将光标放在第一个锚点上，当光标变为 ✒️₀ 状时单击即可。

2. 绘制曲线

使用"钢笔"工具 ✒️ 单击拖曳鼠标创建一个锚点，如图1-59所示。在其他位置继续单击拖曳鼠标即可创建平滑的曲线。如果向前一条方向线的相反方向拖曳鼠标，可以创建"C"形曲线，如图1-60所示；如果按照与前一条方向线相同的方向拖曳鼠标，则可创建"S"形曲线，如图1-61所示。

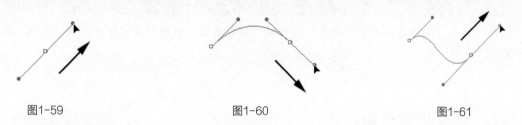

图1-59　　　　　　　　图1-60　　　　　　　　图1-61

3. 绘制转角曲线

先创建一段曲线，如图1-62所示，再将光标放到方向点上，按住 Alt 键向相反一侧拖曳，如图1-63所示。释放Alt键和鼠标按键，在其他位置单击拖曳鼠标即可绘制出转角曲线，如图1-64所示。

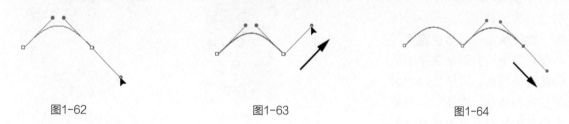

图1-62　　　　　　　　图1-63　　　　　　　　图1-64

4. 在直线后面绘制曲线

绘制一段直线路径后，将光标定位在最后一个锚点上，光标会变为 ✒️₀ 状，如图1-65所示，单击拖曳拖出一条方向线，如图1-66所示。在其他位置单击拖曳，即可在直线后绘制曲线，如图1-67和图1-68所示。

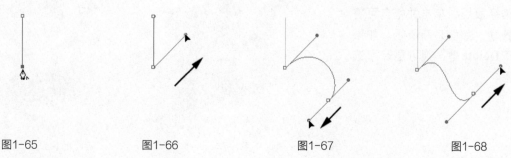

图1-65　　　　　图1-66　　　　　图1-67　　　　　图1-68

5. 在曲线后面绘制直线

绘制一段曲线路径后，将光标定位在最后一个锚点上，光标会变为  状，如图1-69所示，单击后将该平滑点转换为角点，如图1-70所示。在其他位置单击（不要拖曳），即可在曲线后绘制直线，如图1-71所示。

图1-69　　　　　　　　　　图1-70 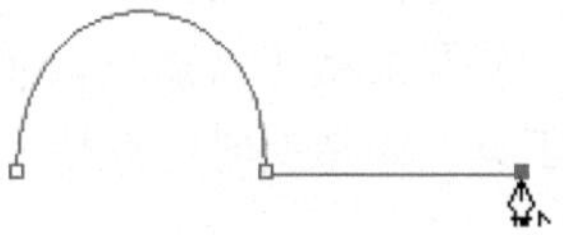　　　　　　　　　　图1-71

> ➡ 提示
>
> 使用"钢笔"工具在画面中单击后，按住鼠标按键不放，同时按住空格键并移动鼠标，即可重新定位锚点的位置。

1.5.3　选择和移动锚点

将"直接选择"工具 ▶ 放在图形上，当工具位于锚点上方时，光标会变为 ▶₀ 状，锚点也会突出显示，如图1-72所示。此时单击可以选中锚点，如图1-73所示。如果要添加选择其他的锚点，可按住Shift键单击这些锚点。按住Shift键单击被选中的锚点，则可取消锚点的选择。

图1-72　　　　　　　　　　图1-73

使用"直接选择"工具 ▶ 单击路径段，可以选择该段路径，如图1-74所示。选中锚点或路径段后，单击并拖曳可将其移动，如图1-75所示。如果按下Delete键，则可删除所选对象。

图1-74　　　　　　　　　　图1-75

　　用"直接选择"工具 ▶ 在对象上单击拖曳出选框，可以选择框内的所有锚点，这些锚点可分属不同的路径、组或不同的对象。选择锚点或路径段后，按下键盘中的→、←、↑、↓键可以微移对象。

1.5.4　修改路径形状

1. 修改曲线

　　选择曲线上的锚点或曲线路径段时，锚点上会显示出方向线，拖曳方向点可以调整方向线的长度和角度，从而改变曲线的形状。

　　使用"直接选择"工具 ▶ 移动平滑点中的一条方向线时，会同时调整该点两侧的路径段，如图1-76和图1-77所示；使用"转换锚点"工具 ▶ 移动方向线，则只调整与其同侧的路径段，如图1-78所示。

| 图1-76 | 图1-77 | 图1-78 |

　　在调整角点的方向线时，无论是用"直接选择"工具 ▶ 还是"转换锚点"工具 ▶，都只影响与该方向线同侧的路径段，如图1-79～图1-81所示。

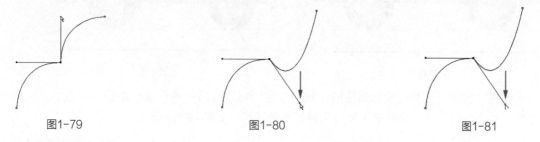

| 图1-79 | 图1-80 | 图1-81 |

2. 转换锚点的类型

　　选择一条路径，如图1-82所示，使用"转换锚点"工具 ▶ 在角点上单击拖曳，可将它转换为平滑点，如图1-83所示；在平滑点上单击，可将其转换为角点，如图1-84所示；如果要将平滑点转换成具有独立方向线的角点，可单击拖曳一侧的方向点，如图1-85所示。

| 图1-82 | 图1-83 | 图1-84 | 图1-85 |

使用"钢笔"工具 ✎ 绘图时，按住Alt键可切换为"转换锚点"工具 ⌐，此时在平滑点上单击，可将其转换为角点，在角点上单击拖曳，则可将其转换为平滑点；释放Alt键后，仍恢复为"钢笔"工具 ✎，此时可继续绘制图形。将光标移至路径的最后一个锚点上，光标会变为 ✎ 状，如果该锚点是平滑点，单击可将其转换为角点；如果是角点，单击拖曳可将其转换为平滑点。

1.5.5 添加和删除锚点

选择一条路径，使用"添加锚点"工具 ✎ 在路径上单击，可以添加一个锚点，使用"删除锚点"工具 ✎ 在锚点上单击，可删除锚点。使用"钢笔"工具 ✎ 时，在当前选中的路径上单击，也可以添加锚点；在锚点上单击，则删除锚点。

1.5.6 延长和连接路径

选择"钢笔"工具 ✎，将光标放在路径的端点上（光标变为 ✎ 状），如图1-86所示，单击鼠标，并在其他位置单击便可以继续绘制该路径，如图1-87所示。

图1-86

图1-87

在使用"钢笔"工具 ✎ 绘制路径的过程中，将光标放在另一条开放式路径的端点上，光标会变为 ✎ 状，如图1-88所示，此时单击即可连接这两条路径，如图1-89所示。

图1-88

图1-89

第2章

Illustrator CS5重要功能全接触

2.1 实战绘图：吉祥物设计

- ✎ 学习技巧：使用铅笔工具绘制和编辑图形。
- ✎ 学习时间：20分钟
- ✎ 技术难度：★★
- ✎ 实用指数：★★★★

绘制图形

实例效果

2.1.1 用铅笔工具绘图

使用"铅笔"工具 ✎ 绘图就像用铅笔在纸上绘画一样，可绘制出比较随意的路径。选择该工具后，单击拖曳即可绘制路径，如图2-1所示；如果拖动鼠标时按住Alt键，光标会变为 ✎ 状，"释放"鼠标按键，再释放Alt键，路径的两个端点就会自动连接在一起，成为闭合路径，如图2-2所示。

图2-1

图2-2

除用于绘制路径外，"铅笔"工具还可以修改现有的路径。例如，选择一条开放式路径，将"铅笔"工具 ✎ 放在路径上，当光标中的小"×"消失时，如图2-3所示，单击拖曳可以改变路径的形状，如图2-4和图2-5所示。如果将工具放在路径的端点上，光标会变为 ✎ 状，单击拖曳可延长该段路径；如果拖至路径的另一个端点上，则可封闭路径。

图2-3

图2-4

图2-5

选择两条开放路径后，使用"铅笔"工具单击一条路径的端点，并拖曳至另一条路径的端点上，在拖曳的过程中按住Ctrl键（光标变为 ✎ 状），释放鼠标和Ctrl键后，可将两条路径连接在一起。

 改变光标的显示状态

使用绘图工具时，大部分工具的光标在画面中都有两种显示状态，一种为该工具的形状，另一种为"×"状。按下Caps Lock键，可在这两种显示状态间切换。

光标显示为工具状   光标显示为"×"状

2.1.2　绘制吉祥物

01 选择"椭圆"工具，在画面中单击，弹出"椭圆"对话框，设置"宽度"和"高度"参数，如图2-6所示。单击"确定"按钮创建一个指定尺寸的椭圆形，然后将填充颜色设置为豆绿色，如图2-7所示。

图2-6

图2-7

02 按住Shift键创建一个稍小的圆形，单击工具箱中的按钮或按D键，使用默认的填充和描边，如图2-8所示。使用"选择"工具按住Alt键向右侧拖曳圆形进行复制，如图2-9所示。

图2-8

图2-9

03 双击"铅笔"工具，弹出"铅笔工具选项"对话框，将3个选项全部勾选，保证绘制的路径是填充颜色的，并且在绘制完成后依然保持选定状态，如图2-10所示，绘制的图形如图2-11所示。

图2-10

图2-11

第**2**章　Illustrator CS5重要功能全接触

04 再绘制一个图形，组成头部的基本形状，按快捷键Ctrl+[将该图形向后移动，如图2-12所示。将填充颜色设置为黑色，无描边颜色。使用"铅笔"工具绘制耳朵、鼻子和项圈，如图2-13所示。按下D键恢复默认的填充和描边颜色，绘制腿和身体图形，如图2-14和图2-15所示。

图2-12   图2-13   图2-14   图2-15

05 使用"文字"工具 **T.** 在画面中单击输入文字，在控制面板中设置字体和大小，如图2-16所示。使用"选择"工具 **▶** 在椭圆背景上单击将其选取，选择"铅笔"工具 **✐.**，放在椭圆的左侧路径上，如图2-17所示。向右侧拖曳，改变椭圆的外形，注意该操作的起点与终点都必须放在椭圆路径上，中间的移动轨迹可以参考文字的顶部边缘进行，如图2-18所示。

图2-16   图2-17   图2-18

完成后可以将标志放在系列产品上，效果如图2-19所示。

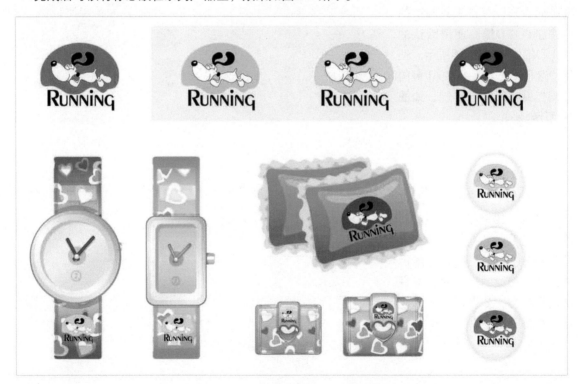

图2-19

2.2 实战图形运算：Logo设计

- 学习技巧：使用路径查找器分割图形。
- 学习时间：30分钟
- 技术难度：★★
- 实用指数：★★★★★

制作文字与图形

使用路径查找器分割图形

实例效果

2.2.1 图形运算方法

创建了几个基本的图形后，可以通过"路径查找器"面板对图形进行合并、分割、修剪等运算，使之组合成更加复杂的图形。如图2-20所示为"路径查找器"面板，选择两个或多个图形后，单击面板中的按钮，即可进行运算。

- 联集 ：将选中的多个图形合并为一个图形，合并后，轮廓线及其重叠的部分会融合在一起，最前面对象的颜色决定了合并后对象的整体颜色，如图2-21和图2-22所示。

图2-20

图2-21

图2-22

- 减去顶层 ：用最后面的图形减去它前面的所有图形，可保留后面图形的填色和描边，如图2-23和图2-24所示。
- 交集 ：只保留图形的重叠部分，删除其他部分，重叠部分显示为最前面图形的填色和描边，如图2-25和图2-26所示。

图2-23

图2-24

图2-25

图2-26

第2章 Illustrator CS5重要功能全接触

23

- 差集 ：只保留图形的非重叠部分，重叠部分被挖空，显示最前面图形的填色和描边，如图2-27和图2-28所示。

- 扩展：如果按住Alt键单击前面的任意一个按钮，可建立复合形状，此时单击该按钮，可删除多余的路径。

- 分割 ：对图形的重叠区域进行分割，使之成为单独的图形，分割后的图形可保留原有的填色和描边，并自动编组。如图2-29所示为在房屋上创建的多条路径，如图2-30所示为对图形进行分割后填充不同颜色的效果。

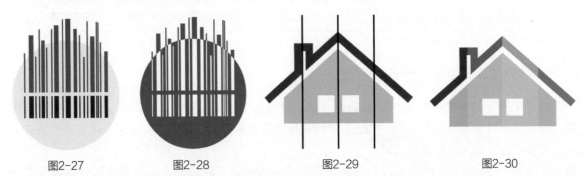

图2-27   图2-28   图2-29   图2-30

- 修边 ：将后面图形与前面图形重叠的部分删除，保留对象的填色，无描边，如图2-31和图2-32所示。

- 合并 ：删除图形重叠区域被隐藏的部分，合并具有相同颜色的相邻或重叠的对象，并删除对象的描边。如图2-33所示为原图形，如图2-34所示为合并后将图形移动开的效果。

图2-31   图2-32   图2-33   图2-34

- 裁剪 ：只保留图形的重叠部分，最终的图形无描边，并显示为最后面图形的颜色，如图2-35和图2-36所示。

- 轮廓 ：只保留图形的轮廓，轮廓颜色为自身的填充色，如图2-37和图2-38所示。

图2-35   图2-36   图2-37   图2-38

● 剪去后方对象 ：用最前面
的图形减去它后面的所有图
形，保留最前面图形的非重
叠部分及描边和填色，如图
2-39和图2-40所示。

图2-39   图2-40

→ 复合形状与路径查找器效果的区别

"路径查找器"面板最上面一排按钮为形状模式按钮，如果选择了多个图形，按住Alt键
单击这些按钮，即可创建复合形状。复合形状可以保留各个原始图形，可以使用"直接选择"
工具或"编组选择"工具选中其中的图形进行编辑，并且，选择复合形状后，执行"路径查找
器"面板菜单中的"释放复合形状"命令，还可以释放复合形状，将图形恢复为最初的状态。

选择图形

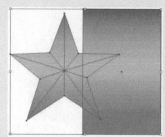

按住Alt键单击  按钮创建复合形状

单独移动其中的矩形

"路径查找器"面板下面的一排按钮为路径查找器效果
按钮，它们可以生成最终的形状组合，也就是真正修改图形
的形状。

直接单击  按钮创建最终形状

2.2.2 绘制Logo

01 打开一个文件（光盘>
素材>2.2），如图2-41所示。使
用"椭圆"工具 ⬭ 绘制一个椭
圆形，无填充颜色，在控制面
板中设置描边粗细为30pt，如图
2-42所示。执行"对象"＞"路
径"＞"轮廓化描边"命令，将路
径转换为图形，如图2-43所示。

图2-41   图2-42   图2-43

02 按快捷键Ctrl+A将文字与椭圆形同时选取，单击"路径查找器"面板中的"分割"按钮，如图2-44所示，对文字与椭圆形的重叠区域进行分割，使其成为单独的图形，如图2-45所示。分割后的图形自动编为一组，按下F7键打开"图层"面板，单击按钮展开图层，可以看到图形分割后的各个部分，如图2-46所示。

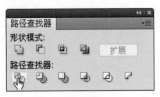

图2-44

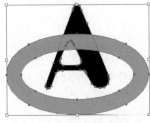

图2-45

图2-46

03 使用"直接选择"工具单击如图2-47所示的图形，按下Delete键删除，如图2-48所示。

图2-47

图2-48

04 选取如图2-49所示的图形，在"图层"面板中，该路径所在的图层会呈高亮显示，如图2-50所示。在该"路径"层前面的图标上单击，将该图层锁定，如图2-51所示。

图2-49

图2-50

图2-51

05 使用"直接选择"工具在如图2-52所示的路径上单击将它选中，将路径向左侧拖曳，使其产生空隙，如图2-53所示。用同样方法移动右侧的路径，如图2-54所示。

图2-52

图2-53

图2-54

06 解开"路径"层的锁定状态，按下快捷键Ctrl+A将图形全部选中。选择"实时上色"工具 ，单击"色板"面板中的黄色，在椭圆形路径上单击填充黄色，如图2-55所示。为文字图形填充蓝色，如图2-56所示。标志制作完后，可以尝试放置在办公事务用品上，如信纸、名片等，如图2-57所示。

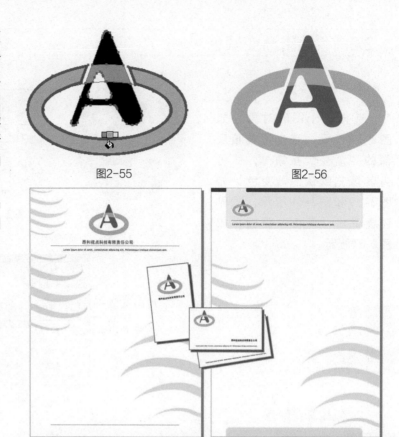

图2-55　　　　　　　　　　图2-56

图2-57

> ➡ **提示**
>
> "实时上色"工具可以在图形交叠形成的区域填色，也可在交叠形成的路径段上应用描边。

2.3　实战渐变：七彩玲珑灯

✎ 学习技巧：使用渐变表现玲珑剔透的质感效果。

✎ 学习时间：30分钟

✎ 技术难度：★★★

✎ 实用指数：★★★★

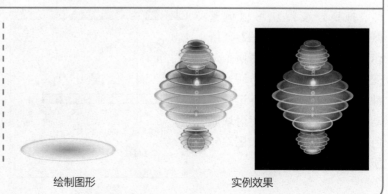

绘制图形　　　　　　　　　实例效果

2.3.1 编辑渐变颜色

1. "渐变"面板

选择一个图形对象，如图2-58所示，单击工具箱底部的"渐变"按钮，即可为其填充默认的渐变色，如图2-59和图2-60所示，同时还会弹出"渐变"面板，如图2-61所示。

图2-58

图2-59

图2-60

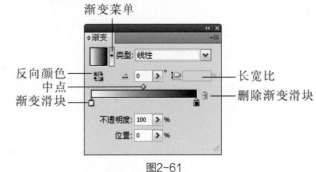
图2-61

2. 编辑渐变颜色

在渐变色条下单击可添加新的渐变滑块，如图2-62所示。单击一个渐变滑块将其选中，拖动"颜色"面板中的滑块即可调整它的颜色，如图2-63所示。将"色板"面板中的颜色拖曳到渐变颜色条上，可以添加一个该颜色的滑块，如果拖曳到渐变滑块上，则可替换滑块的颜色。按住Alt键拖动一个渐变滑块，可复制该滑块，如图2-64所示。将渐变滑块拖出面板可删除该滑块。

图2-62

图2-63

图2-64

拖曳渐变滑块可以调整颜色的混合位置，如图2-65所示。在渐变色条上，每两个渐变滑块的中间（位置为50%）都有一个菱形的中点标记，移动它可以改变该点两侧滑块颜色的混合中点位置，如图2-66所示。

图2-65

图2-66

3. 在图形上修改渐变

填充渐变可以选中对象，如图2-67所示，使用"渐变"工具  在对象上单击拖曳，调整渐变的位置和方向，如图2-68所示。如果按住Shift键操作，则可将渐变的方向设置为水平、垂直或45°的倍数。如果要准确地设置线性渐变的角度，可在"渐变"面板的"角度"文本框内输入数值。单击"反向颜色"按钮 ，可以反转渐变颜色，如图2-69和图2-70所示。

| 图2-67 | 图2-68 | 图2-69 | 图2-70 |

在"渐变"面板的"类型"下拉列表中选择"径向"选项，可填充径向渐变。在面板中的"长宽比"文本框中输入数值，或将"渐变"工具  放在渐变边缘向下拖曳，可以形成椭圆形渐变，如图2-71和图2-72所示。将工具放在虚线上拖曳，可以旋转渐变的角度，如图2-73所示。

将光标放在如图2-74所示的位置，可以显示渐变滑块，拖曳滑块可以调整颜色的混合位置，如图2-75所示。

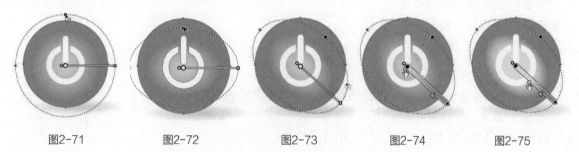

图2-71　　　　　图2-72　　　　　图2-73　　　　　图2-74　　　　　图2-75

2.3.2　制作七彩玲珑灯

01 使用"椭圆"工具 按住Shift键创建一个正圆形，单击工具箱底部的"渐变"按钮填充渐变，如图2-76所示。双击"渐变"工具 打开"渐变"面板，在"类型"下拉列表中选择"径向"选项，单击左侧的渐变滑块，按住Alt键单击"色板"中的蓝色，用这种方法来修改滑块的颜色，将右侧滑块也改为蓝色，并将右侧滑块的不透明度设置为60%，如图2-77和图2-78所示。

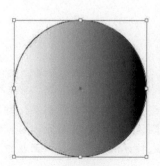
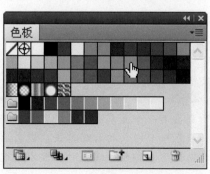

图2-76　　　　　　　　图2-77　　　　　　　　图2-78

02 按住Alt键拖动右侧滑块，复制滑块，在面板下方将不透明度设置为10%，位置为90%，如图2-79和图2-80所示。

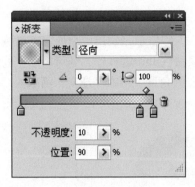

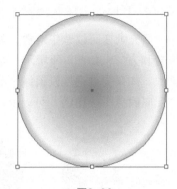

图2-79　　　　　　　　　　　图2-80

03 使用"选择"工具 将光标放在定界框上边，向下拖曳将图形压扁，如图2-81所示。按快捷键Ctrl+C复制，连续按两次快捷键Ctrl+F粘贴图形，按一下↑键，将位于最上方的椭圆向上轻移。在定界框右侧按住Alt键拖曳，将图形适当调宽，如图2-82所示。

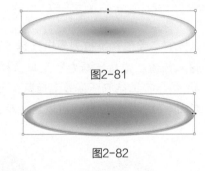

图2-81

图2-82

04 按下F7键打开"图层"面板，单击 按钮展开图层，按住Ctrl键在第2个"路径"子图层后面单击，显示■图标，表示该图层中的对象也被选中，如图2-83所示。单击"路径查找器"面板中的"减去顶层"按钮 ，两个图形相减，形成一个细细的月牙形状，如图2-84所示。将填充颜色设置为白色，并将图形略向上移动，如图2-85所示。按下快捷键Ctrl+A全选，按下快捷键Ctrl+G编组。

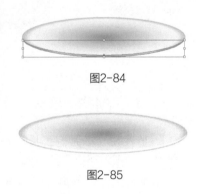

图2-84

图2-85

图2-83

➡ 提示

　　选取图形后，其所在图层的后面会有一个呈高亮显示的色块，将该色块拖曳到其他图层，即可将所选图形移动到该目标层。如果在一个图层的后面单击，则会选取该层中的所有对象（被锁定的对象除外）。当某些图形被其他图形遮挡无法选取时，可以通过这种方法在"图层"面板中选中它。

05 使用"选择"工具 ▶ 按住Alt键向上拖曳编组后的图形，拖曳过程中按住Shift键可保持垂直方向。复制出一个图形后，按下快捷键Ctrl+D进行再次的变换，继续复制出新的图形，如图2-86所示。

06 使用"编组选择"工具 ▶⁺ 在最上面的蓝色渐变图形上单击将其选中，在"渐变"面板中修改滑块的颜色为洋红色，不用改变其他参数，如图2-87和图2-88所示。

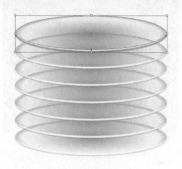

图2-86

图2-87

图2-88

07 依次修改椭圆形的颜色，形成如色谱一样的颜色过渡，如图2-89所示。使用"选择"工具 ▶ 选取第3个图形，按住Shift键在第5个图形上单击，将中间的图形一同选中，将光标放在定界框右侧，按住Alt键向左拖曳，在不改变高度的情况下将两个图形的宽度同时缩小，如图2-90所示。

图2-89

图2-90

08 用同样方法调整其他图形的大小，效果如图2-91所示。按下快捷键Ctrl+A将图形全部选取，按快捷键Ctrl+C复制，按快捷键Ctrl+F粘贴到前面，使图形色彩变得浓重，如图2-92所示。

图2-91

图2-92

09 白色高光边缘有些过于明显，使用"魔棒"工具 ✳ 在其中一个图形上单击，即可选中画面中所有白色图形，如图2-93所示，在控制面板中修改不透明度为60%，如图2-94所示。

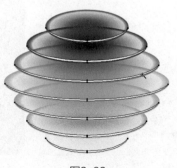

图2-93

图2-94

10 玲珑灯制作完毕，再复制出两个，缩小后分别放在灯的上面和下面，放在下面的小灯要移动到大灯的后面（可按快捷键Ctrl+Shift+[）。使用"光晕"工具 创建一个光晕图形作为点缀，如图2-95和图2-96所示为玲珑灯分别显示在黑色、白色背景上的效果。

图2-95

图2-96

2.4 实战网格：开心小帖士

- 学习技巧：使用极坐标网格和铅笔工具绘图。
- 学习时间：20分钟
- 技术难度：★★
- 实用指数：★★★

绘制图形

实例效果

2.4.1 基本图形绘制工具

　　Illustrator的工具箱中提供了各种基本图形的绘制工具，如图2-97所示。使用它们绘制简单的图形，再用前面介绍的"路径查找器"面板进行运算，即可生成各种复杂的图形。

　　选择一个工具后，单击拖曳即可创建图形。如果在画面中单击，则会弹出一个对话框，输入数值或设置选项可得到精确的图形。例如，如图2-98和图2-99所示为创建的大小为90×60mm，圆角半径为5mm的圆角矩形。

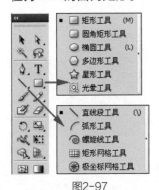

图2-97

图2-98

图2-99

2.4.2 绘制一套图标

01 选择"极坐标网格"工具 ⊕，在画面中拖曳创建网格图形，在拖动过程中按←键减少径向分隔线的数量，按↑键增加同心圆分隔线数量，直至呈现如图2-100所示的外观。不要释放鼠标，按住Shift键使网格图形为正圆形；释放鼠标，在控制面板中设置描边粗细为0.525pt，如图2-101所示。

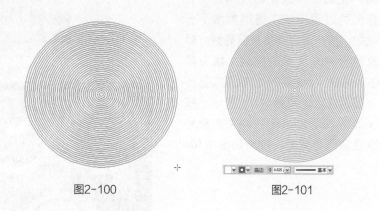

图2-100   图2-101

02 使用"椭圆"工具 ◯ 按住Shift键创建一个圆形，填充黄色，设置描边粗细为7pt，颜色为黑色，如图2-102所示。按快捷键Ctrl+A选取这两个图形，单击控制面板中的"水平居中对齐"按钮 ♨、"垂直居中对齐"按钮 ♨ ，使两个图形居中对齐。使用"文字"工具 T 输入文字，再使用"椭圆"工具 ◯、"铅笔"工具 ✎ 根据主题绘制有趣的图形，效果如图2-103所示。

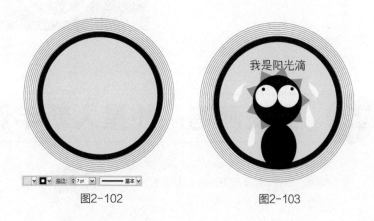

图2-102   图2-103

03 采用同样方法制作出不同主题的小贴示，效果如图2-104所示。

图2-104

04 选择"矩形网格"工具 ，在画面中拖曳创建网格，在拖曳的过程中按↑键增加水平分隔线，按→键增加垂直分隔线，释放鼠标完成网格的创建，填充黑色，并在"色板"中拾取深灰色作为描边颜色，如图2-105所示。按快捷键Ctrl+Shift+[将网格图形移至底层作为背景，效果如图2-106所示。

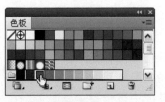

图2-105

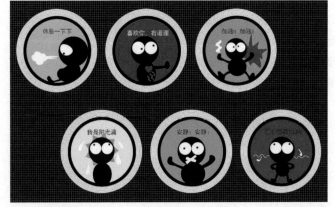

图2-106

2.5 实战画笔：外星人新年贺卡

✎ 学习技巧：应用"粉笔−涂抹"画笔描边，制作出粉笔画的质感效果。

✎ 学习时间：50分钟

✎ 技术难度：★★★

✎ 实用指数：★★★★

绘制外星人形象

实例效果1

实例效果2

2.5.1 画笔工具

画笔可以为路径描边，使其呈现为传统的毛笔效果，也可以为路径添加复杂的图案和纹理。选中一个图形，如图2-107所示，单击"画笔"面板中的一个画笔，即可对其应用画笔描边，如图2-108和图2-109所示。如果当前路径已经应用了画笔描边，则新画笔会替换旧画笔。

图2-107

图2-108

图2-109

如果在“画笔”面板中选中一个画笔，并使用“画笔”工具 ✐ 在画面中拖曳，则可以绘制路径并使用所选画笔描边路径。

Illustrator中包含4种类型的画笔，书法画笔可创建书法效果的描边，如图2-110所示；散布画笔可以将一个对象（如一只瓢虫或一片树叶）沿着路径分布，如图2-111所示；艺术画笔能够沿着路径的长度均匀拉伸画笔的形状或对象的形状，可模拟水彩、毛笔、炭笔等效果，如图2-112所示；图案画笔可以使图案沿着路径重复拼贴，如图2-113所示。

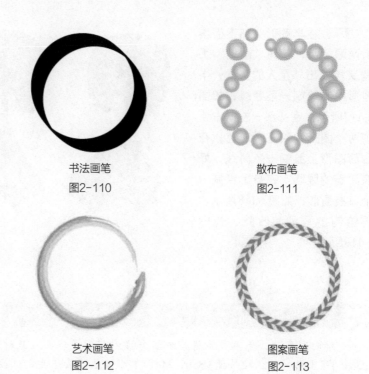

书法画笔
图2-110

散布画笔
图2-111

艺术画笔
图2-112

图案画笔
图2-113

→ 提示

在一般情况下，散布画笔和图案画笔会产生相同的效果，不过，它们之间还是有一个显著区别，图案画笔会完全依循路径描边，而散布画笔则会沿着路径散布。

2.5.2 绘制外星人

01 使用“钢笔”工具 ✐ 绘制一个半圆形，如图2-114所示。打开“画笔”面板，选择“粉笔-涂抹”画笔，如图2-115所示。将图形的填充颜色设置为砖红色，描边粗细为0.1pt，如图2-116所示。

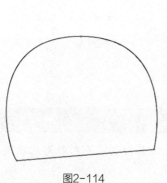

图2-114

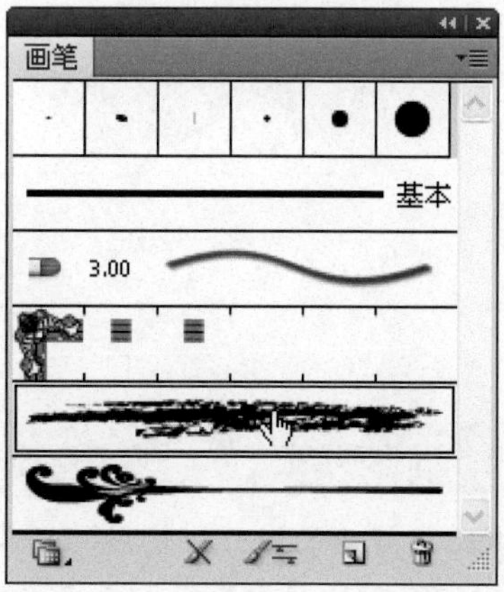

图2-115

图2-116

02 在半圆形头部下面绘制两颗牙齿，使用"画笔"工具 ✐ 绘制出外星人的身体，半圆形中间绘制一条竖线，如图2-117所示。在头部一左一右绘制两个图形，填充暖灰色，在右面图形上绘制一条斜线，好像闭着的眼睛。在身上绘制一个口袋图形，如图2-118所示。再绘制出耳朵和四肢，如图2-119所示。

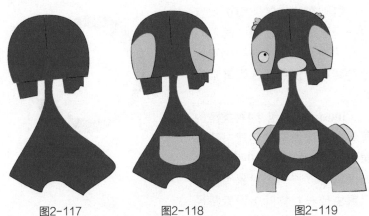

图2-117　　　　图2-118　　　　图2-119

→ 提示

　　绘制形象时，免不了要将某个图形移到前面或后面，此时可按下快捷键来完成。按快捷键Ctrl+]可上移一层，按快捷键Ctrl+Shift+] 可移至顶层；反之，按快捷键Ctrl+[可下移一层，按快捷键Ctrl+Shift+[可移至底层。

---

03 绘制一些非常短的路径，无填充颜色，形成像缝纫线一样的效果，如图2-120所示。下面为图形添加高光效果。在头顶、鼻子、身体边缘绘制路径，设置描边颜色为浅黄色，宽度为1pt，如图2-121所示可以在平涂的色块上产生质感，画面也有了粉笔画的笔触效果。

 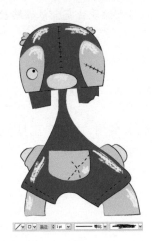

图2-120　　　　　　　图2-121

→ 提示

　　在绘制图形时，对于外形要求比较精确的图形应使用"钢笔"工具绘制，而对外形比较随意则可使用"画笔"、"铅笔"工具来完成，这样绘制的线条不呆板。

04 执行"窗口">"画笔库">"艺术效果">"艺术效果_油墨"命令,在打开的面板中选择"锥形-尖角"画笔,如图2-122所示,就像在用铅笔写字一样拖曳,写下2012等文字,如图2-123所示。

图2-122

图2-123

2.5.3 绘制背景

01 使用"矩形"工具▢绘制一个矩形,填充浅黄色,描边颜色为砖红色,将其置于底层,如图2-124所示。单击"艺术效果_油墨"面板中的"干油墨2"画笔,以该画笔进行描边,如图2-125和图2-126所示。

图2-124

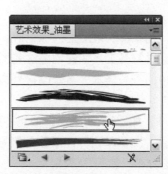

图2-125

图2-126

02 在画面中画些小花朵作为装饰,输入祝福的话语和其他文字,一张可爱、有趣的贺卡就制作完了,如图2-127所示。

03 还可以尝试使用其他样式的画笔来表现。例如,选取组成外星人的图形,执行"窗口">"画笔库">"装饰">"典雅的卷曲和花形画笔组"命令,在打开的面板中选择"皇家"画笔,如图2-128所示,将描边宽度设置为0.25pt,得到如图2-129所示的效果。

图2-127

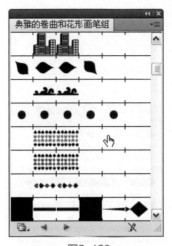
图2-128

图2-129

绘制图形	书签效果	壁纸效果

2.6 实战符号：制作书签和壁纸

- 学习技巧：学习自定义符号、创建符号组、移动、缩放符号，以及调整符号颜色。
- 学习时间：40分钟
- 技术难度：★★★★
- 实用指数：★★★★

2.6.1 解读符号

如果需要绘制大量的相似图形，如花草、地图上的标记时，可以先将一个基本的图形定义为符号，并保存到"符号"面板中，再通过符号工具快速创建这些图形，它们称为"符号实例"。所有的符号实例都链接到"符号"面板中的符号样本，当修改符号样本时，符号实例就会自动更新，非常方便。

在"符号"面板中选择一个符号，如图2-130所示，使用"符号喷枪"工具 在画面中单击即可创建一个符号实例，如图2-131所示；如果单击一点不放，符号会以该点为中心向外扩散；如果单击拖曳，则符号会沿鼠标的移动轨迹分布，如图2-132所示。

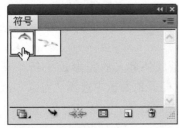
图2-130

图2-131

图2-132

使用"符号喷枪"工具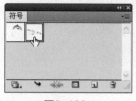创建的一组符号实例称为"符号组"，同一个符号组中可以包含不同的符号实例。如果要添加其他符号，可以先选择符号组，并在"符号"面板中选择另外的符号样本，如图2-133所示，再使用"符号喷枪"工具创建符号，如图2-134所示。

图2-133

图2-134

➡ 提示

如果要编辑符号，首先应选择符号组，并在"符号"面板中选择要编辑的符号所对应的样本，再来进行修改。如果符号组中包含多种类型的符号，想要同时编辑多种实例，可先在"符号"面板中选择这些样本（按住Ctrl键单击它们），再进行处理。

2.6.2　制作小房子

01 选择"矩形"工具，在画面中单击弹出"矩形"对话框，设置矩形的大小，如图2-135所示。单击"确定"按钮，创建一个矩形。设置填充颜色为K=5%，描边颜色为K=30%，描边粗细为0.5pt，如图2-136所示。

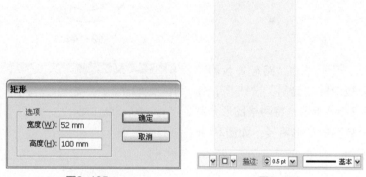

图2-135

图2-136

02 使用"矩形"工具创建一个与书签宽度相同的矩形，填充绿色，再使用"圆角矩形"工具创建一个稍小一点的圆角矩形，如图2-137所示。按住Shift键再创建一个圆角矩形，使用"选择"工具将光标放在圆角矩形定界框的一角，按住Shift键拖曳将图形旋转45°，如图2-138所示。使用"钢笔"工具绘制一个黑色的三角形，按快捷键Ctrl+[向后移动，再创建一个矩形的黑色烟囱，圆角矩形的门，如图2-139所示。

图2-137

图2-138

图2-139

03 使用"钢笔"工具 ∅ 绘制树干，使用"椭圆"工具 ◯ 绘制树叶，如图2-140所示。再绘制深绿色的圆形作为点缀，象征果实，如图2-141所示。

图2-140

图2-141

2.6.3　定义和使用符号

01 在"图层"面板中单击"图层1"前面的 ▢ 图标，锁定该图层。单击 ⬜ 按钮新建"图层2"，如图2-142所示。

02 双击"极坐标网格"工具 ⊕，在打开的对话框中设置参数，如图2-143所示，创建一个极坐标网格图形。按D键使该图形的描边和填充为系统默认的颜色，如图2-144所示。

图2-142

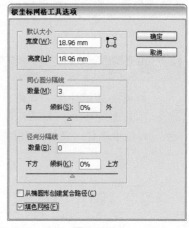

图2-143

图2-144

03 单击"路径查找器"面板中的"分割"按钮 ⬚，如图2-145所示，将网格图形分割分单独的环形路径，如图2-146所示。

图2-145

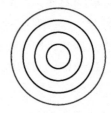

图2-146

04 使用"编组选择"工具 ⬚ 在最外圈的圆形上单击将其选中，填充绿色，如图2-147所示；再选择靠近中心的圆形，填充黄色，如图2-148所示。

05 拖出一个矩形选框，框选所有圆形，按X键切换到描边编辑状态，单击工具箱中的 ⬚ 图标取消描边颜色，如图2-149所示。按住Alt键拖曳该图形进行复制，对填充的颜色进行调整，形成一个新的图形，效果如图2-150所示。

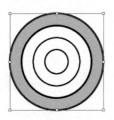

图2-147

图2-148

图2-149

图2-150

06 选中绿色图形，按快捷键Ctrl+Shift+F11打开"符号"面板，单击面板下方的 按钮，弹出"符号"选项对话框，设置名称为"符号1"，如图2-151所示，将图形创建为符号。用同样方法将黄绿色图形也创建为符号，设置名称为"符号2"，新创建的符号会保存在"符号"面板中，如图2-152所示。

图2-151

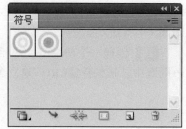
图2-152

07 选择"符号"面板中的"符号1"，使用"符号喷枪"工具 在画面中拖曳创建符号组，如图2-153所示。保持符号组的选中状态，再选择"符号"面板中的"符号2"，使用"符号喷枪"工具 添加符号，如图2-154所示。

图2-153

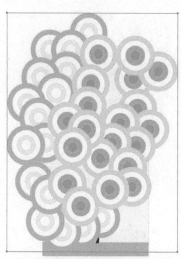
图2-154

08 按住Ctrl键在"符号"面板中的"符号1"上单击，将这两个符号样本同时选中，如图2-155所示。选择"符号缩放器"工具 ，按住Alt键在符号上单击，将符号缩小，如图2-156所示；使用"符号移位器"工具 移动符号的位置，如图2-157所示。

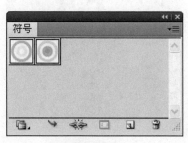
图2-155

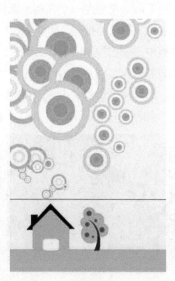
图2-156

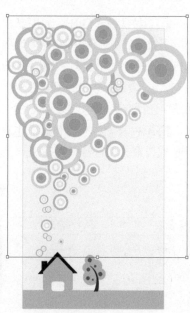
图2-157

09 选择"符号着色器"工具✎，将填充颜色设置为洋红色，在符号组上单击改变符号的颜色，如图 2-158 所示。

10 创建一个与书签大小相同的矩形，如图2-159所示，按住Shift键单击符号组，将其与矩形一同选中，按快捷键Ctrl+7建立剪切蒙版，将矩形以外的图形隐藏，如图2-160所示。

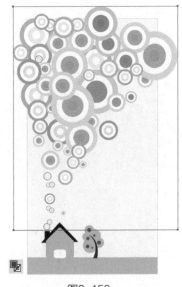

图2-158

图2-159

图2-160

2.6.4 制作壁纸

01 按快捷键Ctrl+N弹出"新建文档"对话框，在"新建文档配置文件"下拉列表中选择 Web 选项，在"大小"下拉列表中选择 1024×768 选项，按下回车键创建一个文档。选择"矩形"工具▭，在画板左上角单击打开"矩形"对话框，设置矩形的大小与文档大小相同，如图 2-161 所示。单击"确定"按钮创建矩形，填充黑色，复制书签中的图形到 Web 文档中，书签是小于 Web 页面的，调整复制后图形的大小以适合画面。书签中包括有蒙版的矩形，将它的大小调整到与文档大小相同，如图 2-162 所示。

02 选择"符号移位器"工具🖑，按下Ctrl键单击符号组将其选取，释放Ctrl键在上面拖曳移动符号的位置，使符号分布在文档上方，如图2-163所示。

图2-161

图2-162

图2-163

03 选中壁纸中的房檐与烟囱图形，填充棕色，使它们不混淆于黑色的背景中，在书签与壁纸中加入文字，效果如图2-164所示。

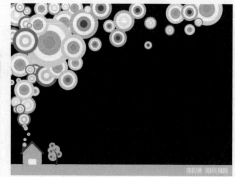

图2-164

2.7 实战变换：分形艺术

✎ 学习技巧：使用"分别变换"命令同时缩放和旋转对象，通过"旋转"对话框旋转并复制对象，通过"再次变换"命令实现分形效果。

✎ 学习时间：20分钟

✎ 技术难度：★★★

✎ 实用指数：★★★★

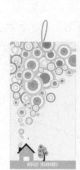

素材

实例效果

2.7.1 变换方法

Illustrator的工具箱中提供了用于对对象进行旋转、缩放、变形的各种变换工具，如图2-165所示。

使用"选择"工具 ▷ 选中对象，对象周围会出现一个定界框，如图2-166所示，使用其中的一个工具单击并拖曳即可应用变换。如果要进行更加自由的变换，可将光标放在定界框四周的控制点（小方块）上，光标会变为 ↔、↕、⤢、⤡、↻ 状，拖曳鼠标便可拉伸、缩放或旋转对象，如图2-167所示。在缩放对象时，按住Shift键操作可进行等比缩放；按住Shift+Alt键，则对象会以自身的中心点为基准进行等比缩放。

图2-165

图2-166

图2-167

43

定界框中央有一个中心点■，如图2-168所示，它标明了对象中心的位置，在进行旋转和缩放等操作时，对象会以中心点为基准进行变换，如图2-169所示。使用"旋转"、"镜像"、"比例缩放"和"倾斜"等工具时，在中心点以外的区域单击，可以设置一个参考点（参考点为 状），此时的变换操作将以该点为基准进行，如图2-170所示。

图2-168

图2-169

图2-170

如果要将参考点的位置重新恢复到对象的中心，可以双击"旋转"、"镜像"或"比例缩放"工具，并在弹出的对话框中单击"取消"按钮。

2.7.2 制作分形效果

01 执行"文件"＞"置入"命令，在弹出的对话框中选择一个文件（光盘＞素材＞2.7），取消"链接"选项的勾选，使文件嵌入到Illustrator文档中，如图2-171和图2-172所示。

图2-171

图2-172

02 保持图像的选中状态，单击右键，执行"变换"＞"分别变换"命令，打开"分别变换"对话框，设置缩放参数为78%，旋转角度为180°，同时旋转和缩放对象，如图2-173和图2-174所示。

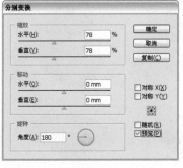
图2-173

图2-174

03 按快捷键Shift+Ctrl+F10打开"透明度"面板，设置该图像的混合模式为"正片叠底"，如图2-175所示。现在还看不出混合模式的效果，在图像产生重叠后即可看到。

图2-175

→ **在重新定义参考点的情况下精确变换** ● ●

在使用"旋转"、"比例缩放"、"镜像"、"倾斜"等工具时，按住Alt键单击，单击点便会成为对象的参考点，同时可以弹出当前变换工具的选项对话框。

04 选择"旋转"工具，按住Alt键在图像左上角单击，单击点呈现高亮显示，图像会以单击点为圆心进行旋转，如图2-176所示；同时弹出"旋转"对话框，设置角度为20°，单击"复制"按钮，如图2-177所示；在旋转的同时复制出一个新的图像，如图2-178所示；按快捷键Ctrl+D执行"再次变换"命令，继续复制和旋转图像，直到形成一个圆形，如图2-179所示。

图2-176

图2-177

图2-178

图2-179

05 使用"钢笔"工具绘制两个不同大小的波浪图形，如图2-180所示。将小图形放在大图形上面，如图2-181所示，使用"选择"工具选中这两个图形，按快捷键Ctrl+Alt+B建立混合。双击"混合"工具弹出"混合选项"对话框，设置指定的步数为5，如图2-182所示。

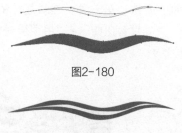

图2-180

图2-181

图2-182

45

06 将图形移动到分形图案上，效果如图2-183所示。

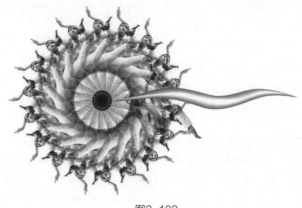

图2-183

2.8 实战封套：口香糖广告

学习技巧：输入文字，通过封套扭曲制作拱形字，贴在包装盒表面。

学习时间：20分钟

技术难度：★★★

实用指数：★★★

输入文字

制作包装盒   实例效果

2.8.1 封套扭曲

　　封套扭曲是用于对图形进行变形的强大功能，它可以使对象按照封套的形状产生扭曲。封套是用于扭曲对象的图形，被扭曲的对象称为"封套内容"。封套类似于容器，封套内容则类似于水，当将水装进圆形的容器时，水的边界会呈现为圆形，装进方形容器时，水的边界又会呈现为方形，封套扭曲也是这个原理。

　　Illustrator中有3种创建封套扭曲的方法。第一种：在被扭曲的对象上放置一个图形，如图2-184所示，再将它们选中，执行"对象">"封套扭曲">"用顶层对象建立"命令，即可用该图形扭曲它下面的对象，如图2-185所示。

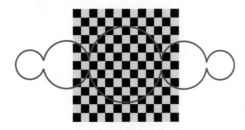

图2-184

图2-185

第二种：执行"对象">"封套扭曲">"用变形建立"命令，弹出"变形选项"对话框，选择变形样式并设置变形参数来扭曲对象。

第三种：执行"对象">"封套扭曲">"用网格建立"命令，在弹出的对话框中设置网格线的行数和列数，如图2-186所示，创建变形网格，如图2-187所示，用"直接选择"工具 ↘ 移动网格点来扭曲对象，如图2-188所示。

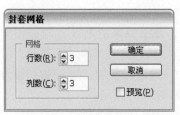
图2-186

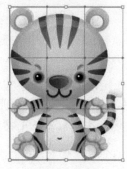
图2-187

图2-188

创建了封套扭曲后，对象就会合并到同一个图层上，如果要编辑封套内容，可以选中对象，并单击控制面板中的"编辑内容"按钮 ，封套内容便会出现在画面中；如果要编辑封套，可单击控制面板中的"编辑封套"按钮 ，编辑完成后，再单击相应的按钮恢复封套扭曲。

如果要释放封套扭曲，可执行"对象">"封套扭曲">"释放"命令。执行"对象">"封套扭曲">"扩展"命令，则可将它扩展为普通的图形，对象仍显示为扭曲效果。

2.8.2 扭曲文字

01 选择"文字"工具 T，在画面中单击输入文字，在控制面板中设置字体及大小，如图2-189所示。按快捷键 Ctrl+Shift+O将文字转换为轮廓，如图2-190所示。

图2-189

图2-190

02 使用"旋转"工具 ，按住Shift键将文字朝逆时针方向旋转90°，如图2-191所示。执行"对象">"封套扭曲">"用变形建立"命令，弹出"变形选项"对话框，在"样式"下拉列表中选择"拱形"选项，设置"弯曲"为-100%，如图2-192所示，效果如图2-193所示。

图2-191

图2-192

图2-193

03 执行"窗口">"色板">"渐变">"水果和蔬菜"命令，在打开的面板中选择"美洲南瓜"渐变样本，如图2-194所示。使用"矩形"工具▭创建一个矩形，如图2-195所示。

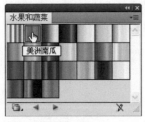

图2-194　　　　　　　　　　图2-195

04 使用"渐变"工具▭按住Shift键在矩形上由上而下拖曳，改变原来的渐变方向，如图2-196所示。使用"椭圆"工具○创建一个与矩形高度相同的椭圆形，填充灰色。使用"选择"工具▶选取椭圆形，按住Shift键拖曳到矩形的左侧，在释放鼠标前按下Alt键进行复制，按下I键切换为"吸管"工具🖋，在矩形上单击拾取渐变颜色，对椭圆形进行填充，如图2-197所示。

图2-196　　　　　　　　　　图2-197

05 使用"选择"工具▶选取这3个图形，按快捷键Ctrl+G编组。将光标放在定界框的一角拖曳，调整图形的角度，使图形呈倾斜状，如图2-198所示。将前面制作的文字移动到柱状图形上，按快捷键Ctrl+Shift+]移至顶层，将光标放在定界框的一角，拖曳鼠标调整文字的角度，使其与柱形角度一致，如图2-199所示。

06 在"透明度"面板中设置文字的混合模式为"叠加"，如图2-200和图2-201所示。

图2-198　　　　图2-199　　　　　　图2-200　　　　　　　图2-201

07 将图形与文字选中，按快捷键Ctrl+G编组。按住Alt键向右侧拖曳进行复制，使用"编组选择"工具▶选取渐变图形，如图2-202所示，单击"水果和蔬菜"面板中的"桃子"渐变样本，如图2-203所示，对图形进行新的填充，效果如图2-204所示。

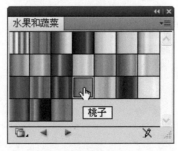

图2-202　　　　　　　　图2-203　　　　　　　　图2-204

08 最后，加入背景和文字完成制作，效果如图2-205所示。

图2-205

2.9 实战混合：制作6种风格的装饰相框

✎ 学习技巧：通过对路径的混合，使色彩形成柔和的过渡，创建相框效果，使用不同的画笔描边边框。

✎ 学习时间：20分钟

✎ 技术难度：★

✎ 实用指数：★★★

效果1

效果2

效果3

效果4

效果5

效果6

1. 创建与编辑混合

混合是指在两个或多个图形之间生成一系列的中间对象，使之产生从形状到颜色的全面混合。选择"混合"工具 ，将光标放在一个对象上，捕捉到锚点后光标会变为 状，如图2-206所示。单击鼠标，并将光标放在另一个对象上捕捉锚点，光标会变为 状，如图2-207所示，单击即可创建混合，如图2-208所示。如果图形比较复杂，为避免发生扭曲，可选中图形，执行"对象"＞"混合"＞"建立"命令，或按快捷键Ctrl+Alt+B来创建混合。

图2-206   图2-207   图2-208

创建混合以后，选中混合对象，如图2-209所示，执行"对象"＞"混合"＞"反向混合轴"命令，可以交换对象的位置，如图2-210所示；执行"对象"＞"混合"＞"反向堆叠"命令，则可颠倒对象的前后堆叠顺序，如图2-211所示。

图2-209   图2-210   图2-211

如果要释放混合，可执行"对象"＞"混合"＞"释放"命令；如果要将原始对象之间生成的新对象释放出来，可执行"对象"＞"混合"＞"扩展"命令。

2. 替换混合轴

创建混合后，Illustrator会自动生成一条用于连接混合对象的路径（混合轴），使用"直接选择"工具 在对象上单击选择混合轴，如图2-212所示。可在混合轴上添加和删除锚点，如图2-213所示；拖曳混合轴上的锚点或路径段，可调整混合轴的形状，如图2-214所示。

图2-212   图2-213   图2-214

> ➡ 提示
>
>   默认情况下，混合轴为一条直线，可以选中一条路径及混合对象，执行"对象"＞"混合"＞"替换混合轴"命令，使用该路径替换混合轴，使对象沿该路径混合。

突破平面 Illustrator CS5设计与制作深度剖析

2.9.2 制作相框

01 选择"矩形"工具 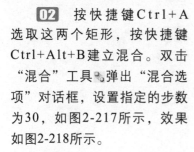，创建一个矩形，在控制面板中设置描边颜色为豆绿色，描边粗细为60pt，如图2-215所示。按快捷键Ctrl+C复制矩形，按快捷键Ctrl+F粘贴到前面，调整描边颜色为黄色，粗细为5pt，如图2-216所示。

图2-215

图2-216

02 按快捷键Ctrl+A选取这两个矩形，按快捷键Ctrl+Alt+B建立混合。双击"混合"工具 弹出"混合选项"对话框，设置指定的步数为30，如图2-217所示，效果如图2-218所示。

图2-217

图2-218

03 单击"图层"面板中的 按钮展开"图层1"，将"混合"层拖曳到面板下方的 按钮上进行复制，如图2-219所示；隐藏位于下方的"混合"层，在位于上方的"混合"层后面单击，将混合路径选取，如图2-220所示。

图2-219

图2-220

04 执行"窗口">"画笔库">"边框">"边框_装饰"命令，在打开的面板中选择"哥特式"样本，如图2-221所示，将该画笔应用于矩形路径上，效果如图2-222所示。

图2-221

图2-222

05 单击"混合"层前面的 按钮展开该图层，在位于下方的"路径"层后面单击，选中该层中的路径，如图2-223所示，在控制面板中设置描边为3pt，如图2-224所示。

图2-223

图2-224

06 按下F5键打开"画笔"面板，双击"哥特式"样本，如图2-225所示，如果要对该画笔样本进行编辑，不要双击"边框_装饰"的画笔样本，它们是不能作为画笔进行编辑的，只有载入到"画笔"面板中才可以。双击画笔样本后，弹出"图案画笔选项"对话框，在"方法"下拉列表中选择"淡色"选项，如图2-226所示。单击"确定"按钮，弹出"画笔更改警告"对话框，单击"应用于描边"按钮，如图2-227所示。由于前面制作画框时设置描边颜色为黄色，因此，编辑画笔选项后，边框使用默认的黄色，如图2-228所示。

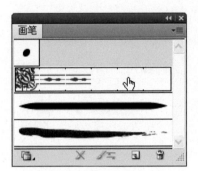

图2-225

图2-226

图2-227

图2-228

07 在"图层"面板中分别选中粗细两个矩形路径，在"色板"中拾取颜色，如图2-229所示。描边为3pt的路径颜色为深棕色，描边为1pt的路径颜色为浅棕色，效果如图2-230所示。

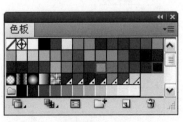

图2-229

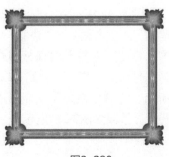

图2-230

08 在"图层"面板中复制画框层，将其他画框隐藏。执行"窗口">"画笔库">"边框">"边框_虚线"命令，加载该画笔库，选择如图2-231所示的画笔样本，可生成如图2-232所示的像框。

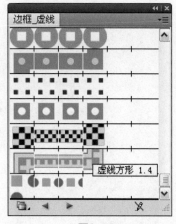

图2-231

图2-232

09 双击"混合"工具，弹出"混合选项"对话框，设置指定的步数为9，如图2-233所示，减少混合步数后，边框产生层次感，效果如图2-234所示。

图2-233

图2-234

10 再次复制画框，加载"边框_装饰"画笔库，单击"晶体"画笔样本，如图2-235所示，效果如图2-236所示。

图2-235

图2-236

11 运用其他画笔样本进行描边，制作出各种不同的边框效果，并在后面衬上插画，制作出一个照片展示墙，效果如图2-237所示。

图2-237

2.10 实战图层与蒙版：运动鞋设计

✎ 学习技巧：绘制蒙版所需的图形，建立剪切蒙版对图案进行遮盖。

✎ 学习时间：20分钟

✎ 技术难度：★★

✎ 实用指数：★★★

素材

实例效果

2.10.1 解读图层和蒙版

1. 使用图层

在绘制复杂的图形时，可以将组成图稿的各个对象放在不同的图层中，这样便于管理和修改对象，如图2-238和图2-239所示。

单击"图层"面板中的"创建新图层"按钮，可以新建一个图层（即父图层），如图2-240所示；单击"创建新子图层"按钮，可在当前选择的父图层内新建一个子图层，如图2-241所示。单击一个图层可选择该图层，绘制图形时，对象就会保存在该图层中。如果要删除图层，可将它拖曳到删除图层按钮上。

图2-238

图2-239

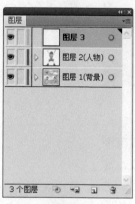

图2-240

图2-241

2. 剪切蒙版

剪切蒙版可以使用一个图形来限定其他对象的显示范围。要创建剪切蒙版，需要先将剪贴路径放在要被遮盖的对象的上面，如图2-242和图2-243所示，将它们选中，并单击"图层"面板中的"建立/释放剪切蒙版"按钮即可，如图2-244和图2-245所示。

图2-242

图2-243

图2-244

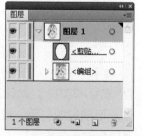

图2-245

如果要释放剪切蒙版，可以将用于遮盖对象的剪贴路径移出蒙版图层，或者选择剪切蒙版图层，再单击"建立/释放剪切蒙版"按钮。

3. 不透明度蒙版

不透明度蒙版用于修改对象的不透明度，它能够通过蒙版对象的灰度来使其他对象呈现为透明效果。例如，如图2-246所示为一个风景图形，在它上面放置一个填充了黑白渐变的椭圆形，如图2-247所示，将它们选中，执行"透明度"面板菜单中的"建立不透明蒙版"命令，即可创建不透明度蒙版。蒙版对象中的黑色区域就会遮盖对象，使其完全透明，灰色区域则会使对象呈现出一定程度的透明效果，如图2-248所示。

图2-246

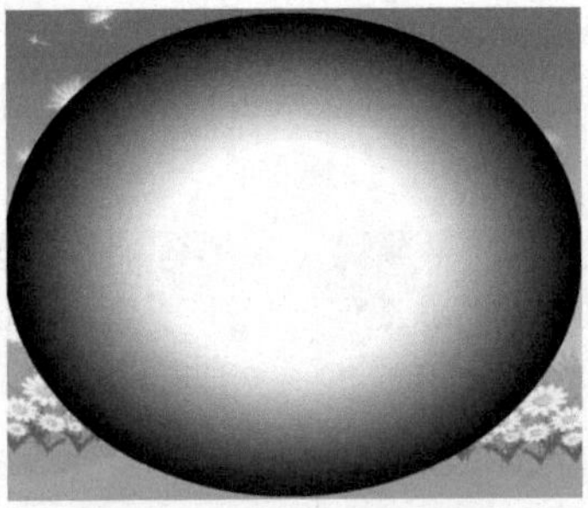

图2-247

图2-248

创建不透明度蒙版后，"透明度"面板中会出现两个缩览图，如果要编辑对象，需要单击左侧的对象缩览图，进入对象编辑状态，如图2-249所示；如果要编辑蒙版，则应单击右侧的蒙版缩览图，进入蒙版编辑状态，如图2-250所示。

图2-249

图2-250

如果要释放不透明度蒙版，可选中对象，执行"透明度"面板菜单中的"释放不透明蒙版"命令，对象会恢复到蒙版前的状态。

2.10.2 制作运动鞋

01 打开一个文件（光盘>素材>2.10），如图2-251所示。运动鞋的鞋面、鞋底和背景图形位于"图层1"中，鞋带与缝合线位于"图层2"中，两个图层均处于锁定状态，如图2-252所示。这些图形不需要再做调整，只要制作运动鞋的装饰部分即可。

图2-251

图2-252

02 单击 按钮创建新图层，如图2-253所示。使用"钢笔"工具 绘制鞋面部分，也就是作为蒙版的图形，用它来遮盖鞋面上的花纹图案，如图2-254所示。

图2-253

图2-254

03 执行"窗口">"符号"命令，在"符号"面板中保存了制作运动鞋所需的花纹图案，如图2-255所示，将花纹符号拖曳到画面中，如图2-256所示。

图2-255

图2-256

04 在"图层"面板中展开"图层3"，如图2-257所示，用做剪切蒙版的图形要位于图层最上面，因此，将"图层3"的"路径"图层拖曳到"花朵符号"上方，如图2-258所示。

图2-257

图2-258

05 单击"图层"面板下方的 按钮建立剪切蒙版，如图2-259所示，花朵图案被剪切到鞋面路径图形中，效果如图2-260所示。

图2-259

图2-260

06 可以制作一些自己喜爱的图案，使鞋面呈现不同的风格，如图2-261所示。将这些图案放在"图层3"内即可形成剪切效果。

图2-261

2.11 实战图形效果：生肖钮扣

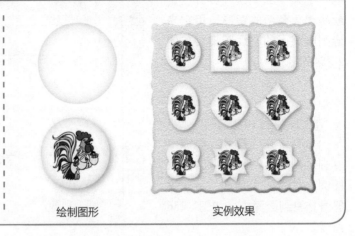

✎ 学习技巧：使用内发光和投影效果制作钮扣，再通过"转换为形状"、"收缩和膨胀"、"波纹效果"等命令变换出不同的形状。

✎ 学习时间：20分钟

✎ 技术难度：★★

✎ 实用指数：★★★

绘制图形　　　　　　实例效果

2.11.1 效果与外观

1. 效果

效果是用于改变图形外观的功能。Illustrator中包含两种类型的效果，如图2-262所示，位于"效果"菜单上半部分的是矢量效果，它们用于矢量对象（少数可用于位图）；下半部分是栅格效果，它们可以用于矢量对象和位图。选中一个对象，执行"效果"菜单中的命令，或单击"外观"面板中的"添加新效果"按钮 **fx**，在打开的下拉菜单中执行一个命令，如图2-263所示，即可应用效果。

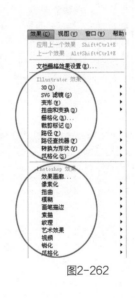

图2-262

图2-263

2. 外观

在Illustrator中，每个图形和图像都有各自的外观属性，包括对象的填色、描边、透明度和各种效果等，它们会按照应用的先后顺序保存在"外观"面板中，如图2-264所示。

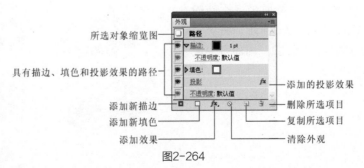

图2-264

"外观"面板与"图层"面板很相似，例如，如果要隐藏或重新启用某种外观，可单击它前面的"眼睛"图标 ；向上或向下拖曳外观可以调整它们的堆叠顺序，但这会影响对象的显示效果；将一个外观属性拖曳到"复制所选项目"按钮 上，可复制该外观；将一个外观属性拖曳到"删除所选项目"按钮 上，可删除该外观。

　　此外，单击一种外观属性后，面板中会显示它的具体设置参数，如图2-265所示；如果单击带有蓝色下划线的文本，则会显示相应的对话框或面板，如图2-266所示，此时可以修改参数。

图2-265

图2-266

2.11.2　制作纽扣

　　01 使用"椭圆"工具 按住Shift键拖曳创建一个正圆形，填充白色，无描边颜色，如图2-267所示。执行"效果">"风格化">"内发光"命令，设置参数如图2-268所示，效果如图2-269所示。

图2-267

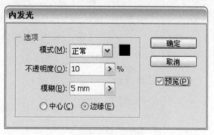

图2-268

图2-269

　　02 执行"效果">"风格化">"投影"命令，设置参数如图2-270所示，为图形添加投影效果后，图形产生一定厚度，立体感更加明显，如图2-271所示。

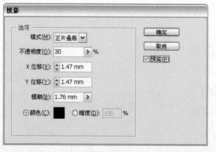

图2-270

图2-271

→ 扩展外观

　　选中对象，执行"对象">"扩展外观"命令，可以将它的填充、描边和应用的效果等外观属性扩展为独立的对象，这些对象会自动编组，可以选中其中的一个对象来单独编辑。

03 将一个素材放在钮扣中（光盘>素材>2.11），效果如图2-272所示。按快捷键Ctrl+A全选，按快捷键Ctrl+G编组。

04 将这个钮扣复制若干个，分散在画面中，下面尝试使用"效果"菜单中的其他命令制作不同外形的钮扣。使用"编组选择"工具在白色的圆形钮扣上单击，将其选中（不包括公鸡图形），执行"效果">"转换为形状">"矩形"命令，在弹出的对话框中设置参数，勾选"预览"选项，如图2-273所示，效果如图2-274所示。

图2-272

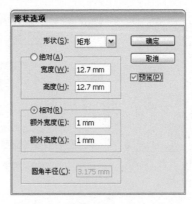

图2-273

图2-274

05 在"形状"下拉列表中选择"圆角矩形"，如图2-275所示，产生圆角矩形效果，如图2-276所示。

图2-275

图2-276

06 在"形状"下拉列表中选择"椭圆"，调整额外宽度与高度的参数，如图2-277所示，产生椭圆形效果，如图2-278所示。

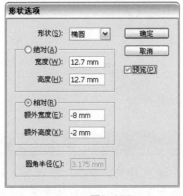

图2-277

图2-278

07 执行"效果" > "扭曲和变换" > "收缩和膨胀"命令，设置参数如图2-279所示，产生菱形效果，如图2-280所示。调整参数为-30%，效果如图2-281所示，调整参数为20%，效果如图2-282所示。

图2-279

图2-280

图2-281

图2-282

08 执行"效果" > "扭曲和变换" > "波纹效果"命令，设置参数如图2-283所示，效果如图2-284所示。

图2-283

图2-284

09 勾选"平滑"选项，调整参数如图2-285所示，效果如图2-286所示。

图2-285

图2-286

10 创建一个矩形作为钮扣的背景，执行"窗口" > "图形样式库" > "纹理"命令，打开"纹理"面板，选择"RGB石头1"样式，在上面单击右键可以查看大缩览图效果，如图2-287所示。应用该纹理后的图形效果，如图2-288所示。

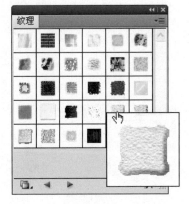

图2-287

图2-288

11 按快捷键Ctrl+Shift+[将纹理图形移至底层，如图2-289所示。如图2-290所示为将钮扣放置在衣服图形上的效果。

图2-289

图2-290

➜ **快速应用图形样式**

在没有选中对象的情况下，将"图形样式"面板中的样式拖曳到对象上，可直接为其添加该样式。如果对象是由多个图形组成的，则可以将样式拖曳到任意一个图形中。

2.12 实战3D效果：平台玩具设计

✎ 学习技巧：通过"凸出和斜角"命令、"旋转"命令将图形制作成立体对象。

✎ 学习时间：30分钟

✎ 技术难度：★★★★

✎ 实用指数：★★★★★

绘制图形　　　　　制作立体效果　　　　　实例效果

2.12.1 关于3D效果

3D效果可以将平面的2D图形制作为3D效果的立体对象，还可以调整对象的角度和透视，设置光源，将符号作为贴图投射到三维图形对象的表面。

在"效果">"3D"菜单中包含三个创建3D效果的命令，其中，"凸出和斜角"命令可通过挤压的方法为路径增加厚度，创建立体对象，如图2-291和图2-292所示。"绕转"命令可以将图形沿自身的Y轴绕转，成为立体对象，如图2-293和图2-294所示。"旋转"命令可以在一个虚拟的三维空间中旋转对象，如图2-295和图2-296所示。

图2-291　　　　图2-292　　　　图2-293　　　　图2-294

图2-295　　　　　　　　图2-296

2.12.2 制作3D卡通人

01 使用"矩形"工具绘制两个矩形，分别填充浅灰色和皮肤色；使用"钢笔"工具绘制玩具的衣服，如图2-297所示；绘制一个矩形，填充深棕色，按快捷键Ctrl+Shift+[将其移至底层，如图2-298所示。

02 使用"椭圆"工具绘制一个黑色的椭圆形，使用"钢笔"工具绘制一个小的三角形，填充白色，作为眼睛的高光，如图2-299所示；使用"选择"工具选取三角形与椭圆形，按快捷键Ctrl+G编组；按住Shift键向右侧拖曳，到相应位置在释放鼠标前按下Alt键进行复制，如图2-300所示。

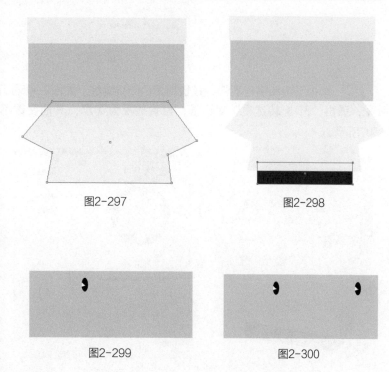

图2-297　　　　　　　　图2-298

图2-299　　　　　　　　图2-300

03 使用"矩形网格"工具▦创建一个如图2-301所示的网格图形，在创建矩形网格的过程中按下键盘上的↑（↓）键可以增加（减少）水平分隔线的数量，按下→（←）键可以增加（减少）垂直分隔线的数量。使用"选择"工具▸按住Shift键选取帽子、面部、衣服和裤子图形，如图2-302所示。

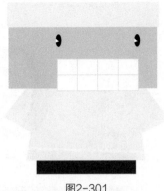

图2-301

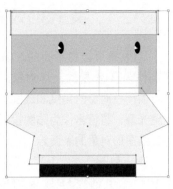

图2-302

04 执行"效果">"3D">"凸出和斜角"命令，弹出"3D凸出和斜角选项"对话框，设置透视参数为70度，凸出厚度为50pt。单击对话框右侧的"更多选项"按钮，显示光源选项，并在光源预览框中将光源略向下拖曳，如图2-303和图2-304所示。

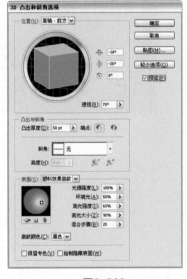

图2-303

图2-304

05 选中眼睛和嘴巴图形，按快捷键Ctrl+G编组，如图2-305所示。执行"效果">3D>"旋转"命令，弹出"3D旋转选项"对话框，设置透视为70度，其他参数不变，如图2-306所示，效果如图2-307所示。

图2-305

图2-306

图2-307

突破平面 Illustrator CS5设计与制作深度剖析

06 使用"钢笔"工具绘制鞋面图形，如图2-308所示。执行"效果">3D>"凸出和斜角"命令，在弹出的对话框中调整物体角度，设置凸出厚度依然为50pt，如图2-309所示，效果如图2-310所示。

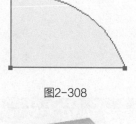

图2-308

图2-310

图2-309

07 将鞋子移动到玩具上，按快捷键Ctrl+Shift+[移至底层。在鞋面上绘制一个四边形，单击"色板"中的"鱼形图案"填充图形，如图2-311和图2-312所示。使用"钢笔"工具绘制两条路径作为鞋带，设置描边粗细为2pt，效果如图2-313所示。

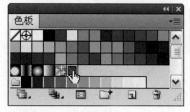

图2-311

图2-312

图2-313

08 使用"选择"工具将组成鞋子的图形选取，按快捷键Ctrl+G编组，按住Alt键向右侧拖曳进行复制，如图2-314所示。使用"钢笔"工具分别在衣服和头上绘制图形，使用"色板"面板中的图案进行填充，效果如图2-315所示。

图2-314

图2-315

09 选取头上的图案图形，按快捷键Ctrl+Shift+F10调出"透明度"面板，设置混合模式为"变暗"，如图2-316和图2-317所示。

图2-316 图2-317

10 在上衣的边缘处绘制黑色的图形，如图2-318所示，在里面的位置绘制路径，描边粗细为1pt，效果如图2-319所示。

图2-318 图2-319

11 绘制玩具的投影图形，按快捷键Ctrl+Shift+[将投影图形移至底层，单击"色板"中的"渐隐至边缘"样本进行填充，如图2-320和图2-321所示。

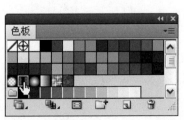

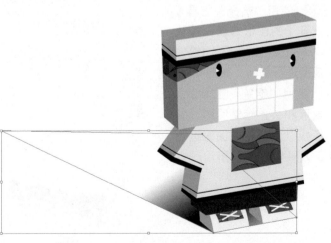

图2-320 图2-321

突破平面Illustrator CS5设计与制作深度剖析

12 保持投影图形的选中状态，按快捷键Ctrl+F9打开"渐变"面板，将光标放在左侧的滑块上，如图2-322所示，将其拖曳到面板外删除，如图2-323所示；将位于中间的黑色滑块拖到左侧，设置它的不透明度为92%，如图2-324所示，效果如图2-325所示。选一张背景素材来衬托，效果更加不同，如图2-326所示。

图2-322

图2-323

图2-324

图2-325

图2-326

2.13　实战文字：诗集页面设计

✎ 学习技巧：制作文本绕图效果，编辑溢出的文字。

✎ 学习时间：30分钟

✎ 技术难度：★★★

✎ 实用指数：★★★★

素材

实例效果

在Illustrator中，可以通过3种方法创建文字，即创建点文字、区域文字和路径文字。

选择"文字"工具 **T**，在画面中单击设置文字插入点，单击处会出现闪烁的光标，此时输入文字即可创建点文字，如图2-327所示；如果要换行，可按下回车键；如果要修改文字，可将光标放在文字上，单击拖曳鼠标选取文字，如图2-328所示，然后输入新文字，如图2-329所示；如果要添加文字，可在文字中间单击，重新显示文字插入点，然后输入文字即可；如果要结束文字的输入，可以按下Esc键，或单击工具箱中的其他工具。

| 图2-327 | 图2-328 | 图2-329 |

使用"文字"工具 **T** 单击拖曳出一个矩形框，释放鼠标输入文字可创建矩形区域文字。如果使用"区域文字"工具 **⊤** 在一个封闭的图形上单击，如图 2-330 所示，并输入文字，则可将文字限定在路径区域内，文字会自动换行，如图 2-331 所示。使用"选择"工具 **▶** 拖曳定界框上的控制点进行旋转或缩放时，文字会在新的区域内重新排列，但文字的大小和角度都不会变化，如图 2-332 所示。

| 图2-330 | 图2-331 | 图2-332 |

使用"路径文字"工具 **✓** 在一条路径上单击，并输入文字，文字就会沿路径排列，成为路径文字，如图2-333和图2-334所示。用"选择"工具 **▶** 选择路径文字，将光标放在文字的起点或终点标记上，光标会变为 **▶⊥** 状，单击并沿路径拖曳即可移动文字，如图2-335所示；将该标记拖曳到路径的另一侧，则可以翻转文字；如果修改路径的形状，则文字也会随着路径形状的改变而产生变化。

图2-333　　　　　　　　　图2-334　　　　　　　　　图2-335

2.13.2　页面设计

01　打开一个文件（光盘>素材>2.13），如图2-336所示。这个文件的背景位于"图层1"中，人物位于"图层2"中，如图2-337所示。

图2-336

图2-337

02　单击 按钮新建"图层3"，用于制作文本绕图，如图2-338所示。使用"钢笔"工具 根据人物的外形绘制剪影图形，如图2-339所示。

图2-338

图2-339

03 选择"文字"工具
T，按快捷键Ctrl+T打开"字符"面板，设置字体、大小和行间距，如图2-340所示，在画面右侧拖曳鼠标创建文本框，如图2-341所示。

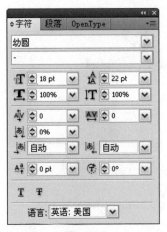

图2-340

图2-341

04 释放鼠标后，在文本框中输入文字，按下Esc键结束文本的输入状态，效果如图2-342所示。使用"选择"工具 ▶ 选取文本，按快捷键Ctrl+[将文本移动到人物轮廓图形后面，按住Shift键单击人物轮廓图形，将文本与人物轮廓图形同时选中，如图2-343所示。

图2-342

图2-343

05 执行"对象">"文本绕排">"建立"命令，如图2-344所示。在画面空白处单击取消当前的选中状态，在文本上单击将其选中，将文本移向人物，文本的排列会随之改变，如图2-345所示。文本框右下角如果出现红色的 ⊞ 标记，表示文本框中有溢出的文字。

图2-344

图2-345

06 在文本框上拖曳鼠标，将文本框扩大，使溢出的文本显示在画面中，如图2-346所示。在画面空白处单击取消选中。

07 选择"直排文字"工具IT，在"字符"面板中设置字体、大小及字距，如图2-347所示，在画面中单击输入文字，如图2-348所示。

再别康桥

图2-346   图2-347   图2-348

08 执行"对象">"封套扭曲">"用网格建立"命令，在弹出的对话框中设置行数为4，列数为1，如图2-349所示。文本框周围会显示锚点，如图2-350所示；使用"直接选择"工具▶拖曳右上角的锚点，文字同时产生变形，如图2-351所示；继续编辑锚点，使文字产生波浪扭曲的效果，如图2-352所示，完成后的效果如图2-353所示。

图2-349

图2-350   图2-351   图2-352

图2-353

2.14 实战图表：服装尺寸图表制作

✎ 学习技巧：创建图表，然后修改内容颜色并添加效果，制作立体图表。

✎ 学习时间：40分钟

✎ 技术难度：★★

✎ 实用指数：★★★

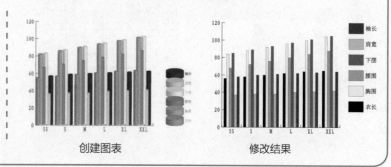

创建图表   修改结果

2.14.1　关于图表

　　图表可以直观、清晰地反映出各种统计数据的比较结果。Illustrator的工具箱中包含9种图表工具，可以制作出9种类型的图表，如图2-354所示。

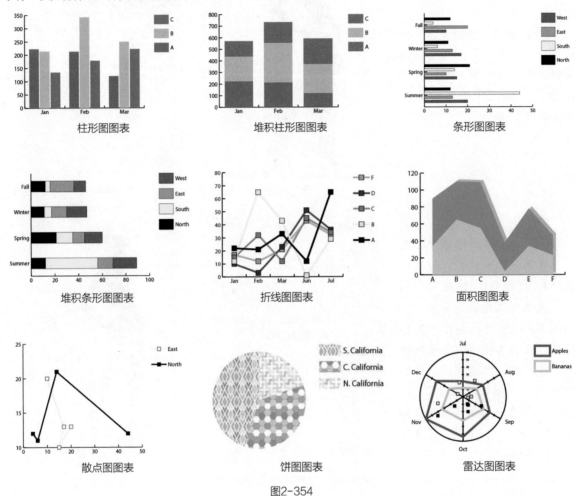

图2-354

　　创建图表后，如图2-355所示。如果要修改图表中的数据，可以用"选择"工具 ▶ 将其选中，然后执行"对象">"图表">"数据"命令，在调出的"图表数据"对话框中输入新数据，如图2-356和图2-357所示。

图2-355　　　　　　　　　　图2-356　　　　　　　　　　图2-357

如果要转换图表的类型，可选择图表并双击工具箱中的一个图表工具，弹出"图表类型"对话框，在"类型"选项中单击与所需图表类型相对应的按钮，如图2-358所示，并关闭对话框即可，如图2-359所示。

图2-358

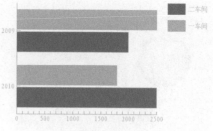

图2-359

2.14.2 制作图表

01 选择"柱形图"工具 ，在画面中拖曳设置图表的大小，释放鼠标后弹出"图表数据"对话框，在单元格中输入数据，如图2-360所示，输入完毕后关闭对话框，创建图表，如图2-361所示。

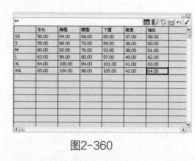

图2-360

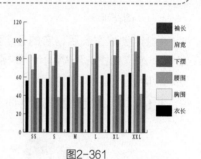

图2-361

> **提示**
>
> 如果要创建具有精确宽度和高度的图表，可在画面中单击，打开"图表"对话框，输入图表的宽度和高度值来创建。

02 使用"编组选择"工具 在图表中的黑色块上连续单击，选择该数据组，如图2-362所示，工具箱中显示了它的填充与描边颜色，如图2-363所示。

03 将描边设置为无，填充设置为洋红色，如图2-364和图2-365所示。

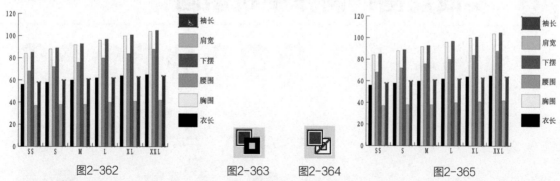

图2-362　　　　　图2-363　　　图2-364　　　　　图2-365

04 执行"效果">3D>"凸出和斜角"命令，在弹出的对话框中设置参数如图2-366所示，将图表制作成立体效果，如图2-367所示。

05 用同样的方法分别选取其他数据组，先调整颜色，并按快捷键Ctrl+Shift+E应用"凸出和斜角"效果，如图2-368所示。

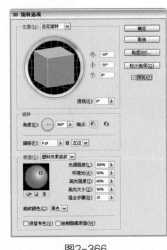

图2-366

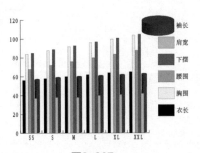

图2-367

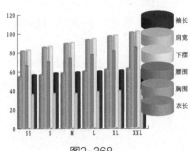

图2-368

06 创建图表后，它的各个组成部分会自动编为一组，使用"编组选择"工具 ▶️ 拖出一个矩形选框，选取如图2-369所示的数据，单击右键，执行"变换>缩放"命令，设置等比缩放为60%，如图2-370所示。

07 将缩放后的数据图形向下移动，再选取文字调整颜色，完成后的效果如图2-371所示。

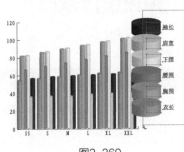

图2-369

图2-370

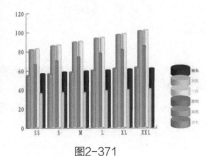

图2-371

2.15 实战动画：制作手机动画

🖊 学习技巧：在Illustrator中制作表情动画所需的图形，导出为GIF格式动画。

🖊 学习时间：40分钟

🖊 技术难度：★★

🖊 实用指数：★★★

绘制八种不同表情

制作动画效果

突破平面 Illustrator CS5设计与制作深度剖析

2.15.1　Illustrator与Flash

　　Flash是一款大名鼎鼎的网络动画软件，它提供了跨平台、高品质的动画，其图像体积小，可嵌入字体与影音文件，常用于制作网页动画、多媒体课件、网络游戏和多媒体光盘。Illustrator强大的绘图功能可以创建Flash使用的各种动画元件。画笔、符号、混合等都可以简化动画的制作流程，效果功能则可以令矢量图形更加完美。

　　在Illustrator中创建Flash动画元件时，首先要将动画中的每一帧创建为单独的图层；其次，还要确保图层的顺序与动画帧的播放顺序一致；最后执行"文件">"导出"命令，在打开的对话框中选择Flash（SWF）作为存储格式，便可以导入到Flash中制作动画。也可以直接将Illustrator中的图形复制并粘贴到Flash中使用。此外，Illustrator本身也具备简单的动画功能。

2.15.2　制作关键帧所需图形

　　01 使用"圆角矩形"工具▢分别绘制两个圆角矩形，组成一个冰棍的形状，如图2-372和图2-373所示。

　　02 使用"铅笔"工具✐绘制冰棍上的巧克力图形，形状可随意一些，要表现出巧克力融化下来的感觉，如图2-374所示，使用"钢笔"工具✎绘制两个高光图形，如图2-375所示。

图2-372　　　图2-373　　　图2-374　　　图2-375

　　03 按快捷键Ctrl+A全选，按快捷键Ctrl+G编组。使用"选择"工具▸按住Alt键拖曳图形进行复制，如图2-376所示。按快捷键Ctrl+D执行"再次变换"命令，复制生成如图2-377所示的4个图形。选取这四个图形，按住Alt键向下拖曳进行复制，如图2-378所示，这8个图形将分别用于8个关键帧。

图2-376　　　　　　　　　　图2-377

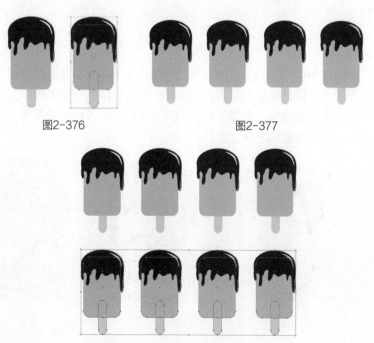

图2-378

2.15.3 制作8种不同的表情

01 下面就要为动画主人公"小豆冰"制作表情了，先制作发呆的表情。使用"椭圆工具" ⃝ 绘制眼睛和嘴巴，如图2-379所示。在第2个冰棍上制作迷糊的表情，使用"螺旋线"工具 ◎ 绘制眼睛，双击"镜像"工具 ⋈ ，在弹出的对话框中选择"垂直"选项，单击"复制"按钮，可镜像并复制出一个螺旋线，然后调整一下位置即可，这样"小豆冰"就有了一双迷茫的眼睛，再用"钢笔"工具 ⃗ 绘制有些不满和疑问的嘴巴，如图2-380所示。

> **→ 提示**
>
> 选择"螺旋线"工具 ◎ ，在画面中单击可以弹出"螺旋线"对话框，有两种样式可供选择，◎ 或 ◎ ，可以绘制出不同方向的螺旋线。

02 在第3个冰棍上制作哭泣的表情，绘制两条直线作为眼睛，使用"多边形"工具 ⬡ ，绘制时按下↓键，减少边数直至成为三角形，在释放鼠标前按下Shift键，可摆正三角形的位置。使用钢笔工具 ⃗ 绘制白色的泪痕图形，如图2-381所示。再绘制喜悦的表情，如图2-382所示。

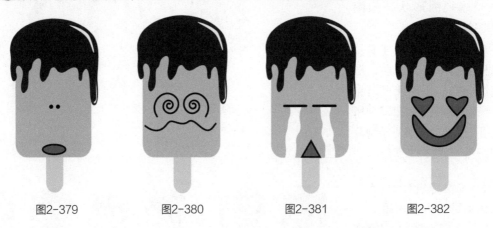

图2-379　　　　　图2-380　　　　　图2-381　　　　　图2-382

03 使用"直线"工具 ＼ 和"钢笔"工具 ⃗ 绘制微笑的表情，如图2-383所示。绘制惊讶的表情时要使用"圆角矩形"工具 ▢ ，绘制一个几乎和脸一样宽的、张开的大嘴，如图2-384所示。绘制出顽皮和木讷的表情，如图2-385和图2-386所示。 8种表情制作完成后，将每一个冰棍极其表情图形选取，按快捷键Ctrl+G编组。

图2-383　　　　　图2-384　　　　　图2-385　　　　　图2-386

04 按快捷键Ctrl+A全选，单击控制面板中的"水平居中对齐"按钮 和"垂直居中对齐"按钮 ，将8个图形对齐到一点，此时，画面中只能看到一个"小豆冰棍"了。按F7键调出"图层"面板，在"图层1"上单击，如图2-387所示，再单击 按钮打开面板菜单，执行"释放到图层（顺序）"命令，将它们释放到单独的图层上，如图2-388和图2-389所示。

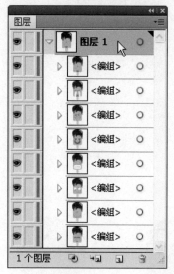

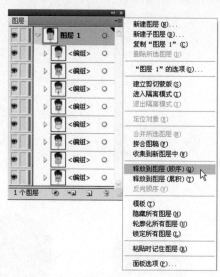

图2-387 图2-388 图2-389

05 单击面板底部的 按钮，新建"图层10"，如图2-390所示，将该图层拖曳到"图层1"下方，如图2-391所示。注意在拖曳时很容易将"图层10"拖到"图层1"里面，成为"图层1"的子图层。要区别的话也很容易，看图层缩览图的位置是否在一条直线上，"图层10"与"图层1"的缩览图是对齐（垂直方向）的，"图层2"与"图层9"的缩览图对齐，它们都是"图层1"的子图层。

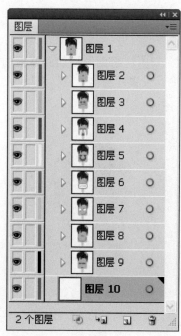

图2-390 图2-391

06 打开一个文件（光盘>素材>2.15），如图2-392所示，按快捷键Ctrl+A全选，按快捷键Ctrl+C复制，按快捷键Ctrl+F6切换到手机动画文档，按快捷键Ctrl+V粘贴，如图2-393所示。

图2-392

图2-393

07 使用"编组选择"工具 按住 Shift 键选取冰棍图形，按住 Alt 键拖曳到画面空白处，如图 2-394 所示。执行"窗口">"路径查找器"命令，单击面板中的"联集"按钮 ，将图形合并在一起，如图 2-395 所示，将图形的填充颜色调浅一些，如图 2-396 所示。

图2-394　　图2-395　　图2-396

08 将图形移动到冰棍的左下方，如图2-397所示。执行"效果">"风格化">"羽化"命令，设置"羽化半径"为2mm，使图形边缘产生模糊效果，如图2-398和图2-399所示。

图2-397

图2-398

图2-399

2.15.4 输出动画

01 执行"文件">"导出"选项，打开"导出"对话框，在"保存类型"下拉列表中选择Flash(*.SWF)选项，如图2-400所示。

图2-400

02 单击"保存"按钮，弹出"SWF选项"对话框，在"导出为"下拉列表中选择"AI图层到SWF帧"选项，如图2-401所示，单击对话框右侧的"高级"按钮，设置"帧速率"为4帧/秒，勾选"循环"选项，使导出的动画能够不停的播放；勾选"导出静态图层"选项，并选择"图层10"选项，使其作为背景出现，如图2-402所示。

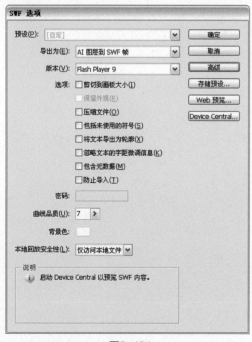

图2-401

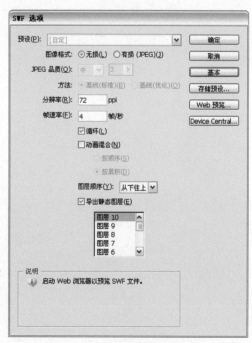

图2-402

03 单击"确定"按钮导出文件。按照导出路径，找到带有 图标的SWF文件，双击它可播放动画，效果如图2-403~图2-405所示。最后，可以将该动画导入到手机中欣赏。

图2-403

图2-404

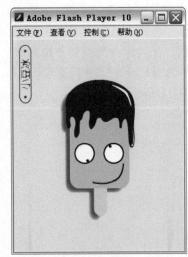
图2-405

> **→ 提示**
>
> 　　如果在一个动画文件中需要大量使用某些图形，不妨将它们创建为符号，这样做的好处是，画面中的符号实例都与"符号"面板中的一个或几个符号样本建立链接，因此，可以减小文件占用的存储空间，并且也减小了导出的SWF文件的大小。

突破平面 Illustrator CS5设计与制作深度剖析

第3章

特效字实战技巧

3.1 时尚装饰立体字

学习技巧：将绘制的缤纷图形嵌入到字母中，再制作成立体字。

学习时间：50分钟

技术难度：★★★

实用指数：★★★

输入文字　　　装饰文字　　　实例效果

3.1.1 绘制文字内的装饰图案

01 按快捷键Ctrl+N打开"新建文档"对话框，新建一个A4大小、CMYK模式的文档。选择"文字"工具 T，在画面中单击并输入字母A，按快捷键Ctrl+T调出"字符"面板，设置字体和大小，如图3-1和图3-2所示。按快捷键Ctrl+Shift+O将文字创建为轮廓，如图3-3所示。

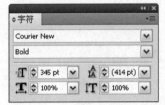

图3-1　　　　　　图3-2　　　　　　图3-3

→ 提示

如果没有这种字体，可以打开光盘中的素材文字文件进行操作。

02 使用"钢笔"工具 ，绘制一个像雨点的图形，单击"色板"面板中的黄色进行填充，设置描边颜色为白色，宽度为1pt，如图3-4和图3-5所示。

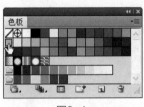

图3-4　　　　　　　　　　图3-5

03 使用"选择"工具 ，按住Alt键拖动雨点图形进行复制，如图3-6所示。单击"色板"面板中的浅褐色进行填充，如图3-7和图3-8所示。

图3-6　　　　　　图3-7　　　　　　图3-8

→ 提示

在英文输入法状态下，按下X键可以快速切换当前的填充与描边状态。

04 再次复制该图形，单击"色板"面板中的浅绿色，如图3-9所示。将光标放在定界框的右下角，光标显示为↻状态时，拖曳鼠标将图形旋转，如图3-10所示。

05 用同样方法复制雨点图形，将填充颜色修改为绿色、深蓝色、橘红色等，适当调整角度，如图3-11和3-12所示。

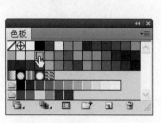

图3-9

图3-10 　　　　　　图3-11 　　　　　　图3-12

06 下面将雨点制作成一个具有装饰感的图案。先复制雨点图形，选择"旋转"工具↻，拖曳图形旋转它使尖角朝下，如图3-13所示。再将光标放在尖角的锚点上，表示将该点设置为圆心。如图3-14所示。

图3-13 　　　　　　图3-14

→ **提示**

可以执行"视图" > "智能参考线"命令，显示智能参考线，当光标放在锚点上时，就会有"锚点"二字的高亮显示。

07 按住Alt键单击，弹出"旋转"对话框，设置旋转角度为5°，单击"复制"按钮，旋转并复制出一个新的图形，如图3-15和图3-16所示。连续按14次快捷键Ctrl+D，进行再次变换，复制生成更多的图形，如图3-17所示。使用"选择"工具选取这些图形，按快捷键Ctrl+G编组，如图3-18所示。

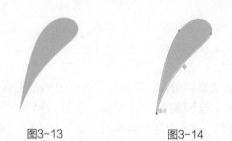

图3-15 　　　　　　图3-16

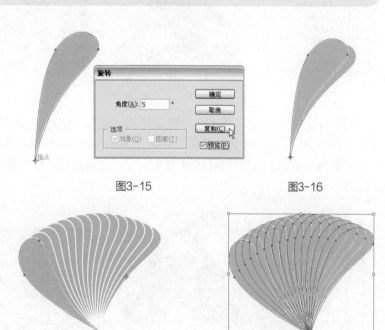

图3-17 　　　　　　图3-18

第**3**章 特效字实战技巧

83

08 将编组后的图形放在字母上面，如图3-19所示。再按住 Alt 键拖曳该图形进行复制，调整角度，将填充颜色设置为紫色，如图3-20所示。

09 继续复制雨点图形，修改颜色，直到图形布满字母为止，如图3-21 和图3-22 所示。

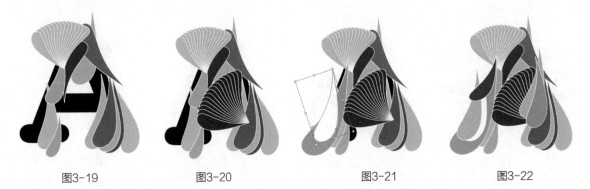

| 图3-19 | 图3-20 | 图3-21 | 图3-22 |

3.1.2 将图案装入文字内

01 下面选取字母A，可是它被雨点图形覆盖住了，在视图窗口中找不到，只能通过"图层"面板来找到它。按F7键打开"图层"面板，拖动□滑块到面板底部，可以看到子图层A就在"图层"面板的底部。在A图层后面单击，显示■图标，表示已将字母选取，如图3-23所示。

02 按快捷键Ctrl+Shift+] 将字母移至顶层，如图3-24所示。

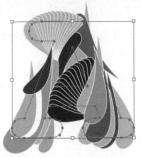

图3-23

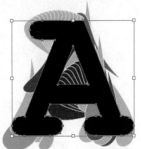

图3-24

03 在"图层"面板中单击"图层1"，如图3-25所示，单击"图层"面板底部的"建立剪切蒙版"按钮 ，将字母以外的图形隐藏，如图3-26所示，缤纷的图形就被嵌入到字母中。保持当前字母的选中状态，按快捷键Ctrl+C复制，在字母以外的空白区域单击，取消选择。

图3-25

图3-26

3.1.3 制作有质感的立体效果

01 单击"图层"面板底部的"创建新图层"按钮 ，新建"图层2"，如图3-27所示。按快捷键Ctrl+F将复制的字母贴在前面，如图3-28所示，"图层2"后面呈现高亮显示的红色方块，表示字母已位于新图层中。

图3-27

图3-28

提示

复制图形后，直接按快捷键Ctrl+F，图形粘贴在原图形前面，并位于同一图层中。如在图形以外的区域单击，取消选中状态，在"图层"面板中选择另一图层，再按快捷键Ctrl+F时，图形将粘贴在所选图层内。

02 将新粘贴字母的填充颜色设置为灰色，如图3-29和图3-30所示。

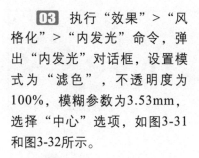
图3-29

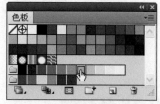
图3-30

03 执行"效果">"风格化">"内发光"命令，弹出"内发光"对话框，设置模式为"滤色"，不透明度为100%，模糊参数为3.53mm，选择"中心"选项，如图3-31和图3-32所示。

图3-31

图3-32

04 执行"效果">"风格化">"投影"命令，弹出"投影"对话框，设置X、Y位移参数为0.47mm，模糊参数为0.76mm，其他参数为系统默认即可，如图3-33和图3-34所示。

图3-33

图3-34

提示

为什么要在新的图层中制作内发光与投影效果呢？因为"图层1"设置了剪贴蒙版，字母以外的区域都会隐藏起来，而投影效果正是位于字母以外的，如果在"图层1"中制作，也将会被遮罩起来无法显示，因此，要在新建的"图层2"中制作。

05 打开"透明度"面板，设置混合模式为"正片叠底"，使当前图形与底层的彩色图形混合在一起，如图3-35和图3-36所示。按快捷键Ctrl+C复制当前的字母，按快捷键Ctrl+F粘贴在前面，使立体感更强一些，如图3-37所示。

图3-35

图3-36

图3-37

06 在字母左侧绘制一个圆形，用同样方法制作成彩色的立体效果，再制作一个立体的彩色字母I，如图3-38所示。

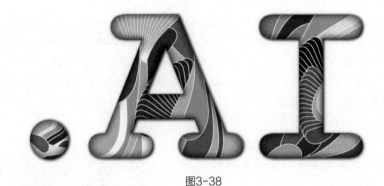

图3-38

3.2 手绘风格线绳字

✎ 学习技巧：使用"涂抹"效果将文字制作成线团效果。

✎ 学习时间：20分钟

✎ 技术难度：★★

✎ 实用指数：★★★

输入文字

实例效果

01 使用"铅笔"工具 ✐ 在画面绘制文字web，设置描边颜色为橘黄色，描边粗细为20pt，如图3-39所示。执行"对象">"路径">"轮廓化描边"命令，将路径转换为轮廓，如图3-40所示。

图3-39

图3-40

➜ **提示**

双击"铅笔"工具 ✐ ，在弹出的"铅笔工具选项"对话框中勾选"保持选定"和"编辑所选路径"选项，可以在绘制路径时对路径进行修改。

02 按快捷键Shift+F6打开"外观"面板，单击"填色"属性，再单击面板下方的 *fx.* 按钮，在打开的菜单中执行"风格化">"涂抹"命令，如图3-41所示，打开"涂抹选项"对话框设置参数，如图3-42所示，效果如图3-43所示。

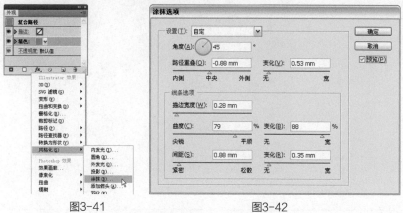 

图3-41　　　　　　　　　　　图3-42　　　　　　　　　　　图3-43

03 在"外观"面板中可以看到"涂抹"效果位于"填色"属性内，如图3-44所示，选择"填色"属性，单击该面板下方的 按钮进行复制，如图3-45所示；此时文字具有双重填色属性，要对一个填色属性进行调整，包括颜色和"涂抹"效果的参数，使纹理的变化更加丰富。单击 按钮调出"色板"面板，选取红色，如图3-46所示。

  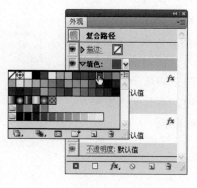

图3-44　　　　　　　　　　图3-45　　　　　　　　　　图3-46

04 双击红色填充内的"涂抹"属性，在弹出的"涂抹选项"对话框中调整参数，如图3-47所示，使线条产生变化，效果如图3-48所示。

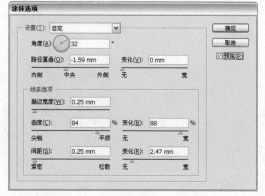 

图3-47　　　　　　　　　　　　　　图3-48

3.3 石刻字

- 学习技巧：使用"涂抹"命令制作手工文字效果，使用"外观"面板编辑文字属性，使文字呈现石刻效果。
- 学习时间：40分钟
- 技术难度：★★
- 实用指数：★★★

输入文字　　　　　　实例效果

01 按快捷键Ctrl+N打开"新建文档"对话框，新建一个A4大小、CMYK模式的文档。执行"文件">"置入"命令，选择一个文件（光盘>素材>3.3a），取消"链接"选项的勾选，使图像嵌入到文档中，如图3-49所示，单击"置入"按钮，将其置入文档中，如图3-50所示。

图3-49

图3-50

02 使用"选择"工具拖动定界框，将图像放大至整个画面，如图3-51所示。

03 使用"文字"工具在画面中单击并输入文字，在控制面板中设置字体为Tekton Pro，大小为180pt，如图3-52所示。如果没有这种字体，可以使用光盘中的素材文字文件进行操作。

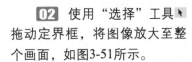

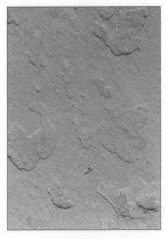

图3-51

图3-52

04 按快捷键Ctrl+Shift+O将文字创建为轮廓，如图3-53所示。将填充颜色设置为无，描边颜色为白色，描边宽度为5pt，如图3-54所示。

图3-53

图3-54

05 执行"效果">"风格化">"涂抹"命令，打开"涂抹选项"对话框并调整参数，使原来光滑的笔画变得像手绘涂鸦一样，如图3-55和图3-56所示。

图3-55

图3-56

06 在"透明度"面板中设置不透明度为40%，如图3-57和图3-58所示。

图3-57

图3-58

07 按快捷键Ctrl+C复制文字，按快捷键Ctrl+F粘贴在前面，如图3-59所示。单击"色板"面板中的深棕色，将描边颜色设置为棕色，如图3-60和图3-61所示。

图3-59

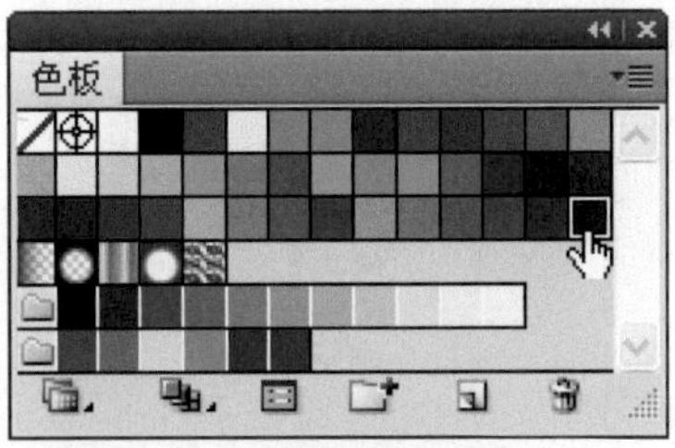

图3-60

图3-61

08 保持文字的选中状态，按4次↑键，向上移动文字，与底层文字形成错位，产生视觉上的浅浮雕效果，如图3-62所示。复制当前文字，按快捷键Ctrl+F贴在前面，如图3-63所示。

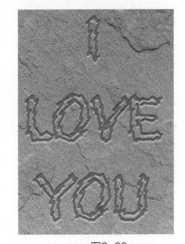

图3-62

图3-63

09 执行"窗口">"外观"命令，调出"外观"面板，当前选中文字图形所具有的属性都显示在该面板中，双击"涂抹"属性，如图3-64所示，弹出"涂抹选项"对话框，将参数普遍调小，使笔画变细，如图3-65和图3-66所示。

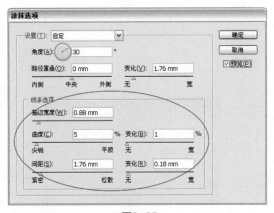

图3-64

图3-65

图3-66

10 设置混合为"正片叠底"，不透明度为30%，如图3-67和图3-68所示。

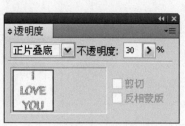
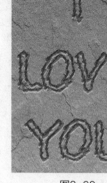

图3-67   图3-68

11 再次复制并粘贴当前文字，双击"外观"面板中的"涂抹"属性，将角度设置为155°，如图3-69和图3-70所示。

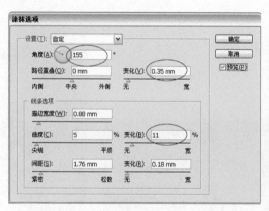

图3-69   图3-70

12 现在已经有了石刻的效果，再重复上一步操作，为石刻字增加一些小细纹，微调参数，使线条的反差不会太大，如图3-71和图3-72所示。

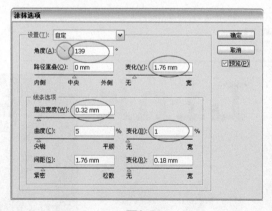

图3-71   图3-72

13 再次复制并粘贴当前文字，选择"外观"面板中的"涂抹"属性，单击该面板底部的 按钮，如图3-73所示，删除该属性，如图3-74所示。将描边宽度设置为2pt，使石刻字更有深度感，如图3-75所示。

图3-73　　　　　　　　　　　图3-74　　　　　　　　　　图3-75

14 选择"文字"工具 **T**，在画面中单击输入文字，按快捷键Ctrl+T调出"字符"面板，设置字体和大小，如图3-76和图3-77所示。在画面其他位置单击，输入不同的文字内容，使版面文字富有变化，如图3-78所示。

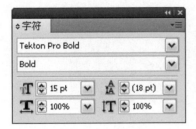

图3-76　　　　　　　　　　　图3-77　　　　　　　　　　图3-78

3.4　3D空间立体字

- 学习技巧：使用3D效果、添加光源制作立体字，再延展路径，使立体字更富装饰性。
- 学习时间：30分钟
- 技术难度：★★★
- 实用指数：★★★★

输入文字　　　　　　　　　实例效果

3.4.1　制作彩色积木字

01 使用"文字"工具 **T** 在画面中单击并输入文字，在控制面板中设置字体为Courier New，大小为280pt，如图3-79所示（光盘中提供了文字素材）。按快捷键Ctrl+Shift+O将文字创建为轮廓，如图3-80所示。

图3-79

图3-80

02 使用"编组选择"工具 选取字母L，修改填充颜色为浅蓝色，如图3-81所示，再依次选取其他字母，填充不同的颜色，如图3-82所示。

图3-81

图3-82

03 按快捷键Ctrl+A全选，执行"效果">3D>"凸出和斜角"命令，在弹出的对话框中设置参数，使字母产生立体效果，如图3-83和图3-84所示。

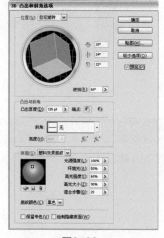

图3-83

图3-84

04 拖曳光源预览框中的光源标记，将其向上移动，如图3-85和图3-86所示。

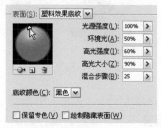

图3-85

图3-86

05 单击"新建光源"按钮 再添加一个光源，使字母变亮，如图3-87和图3-88所示。

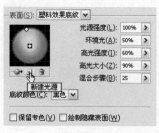

图3-87

图3-88

3.4.2 使文字更具装饰性

01 执行"视图">"智能参考线"命令，在窗口中显示智能参考线来辅助编辑图形。使用"直接选择"工具 ▶ 放在字母i上，该字母的轮廓线会呈高亮显示，如图3-89所示。将光标移向字母上方的路径，单击选取路径，如图3-90所示。

图3-89

图3-90

02 沿垂直方向向上拖曳，将路径延展，如图3-91所示。将光标移向字母k，同样会有一个高亮的轮廓显示，如图3-92所示。

图3-91

图3-92

> ➡ **提示** ••• ⁝
>
> 移动图形、锚点或路径时按住Shift键，可以保证对象延垂直、水平或45°方向移动。

03 选取最上方的路径，还是垂直方向向上拖曳，延展路径，如图3-93所示，再选取最下方的路径向下拖曳，如图3-94所示，使文字更具装饰性。

图3-93

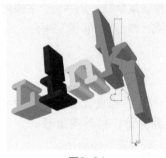

图3-94

04 使用"编组选择"工具 ▶ 选取字母L，如图3-95所示，将它向上、向右移动，改变位置以缩小字母间距，如图3-96所示。再调整一下n和k的位置，如图3-97所示。

图3-95

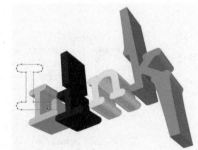

图3-96

图3-97

3.4.3 制作缤纷的空间效果

01 按快捷键Ctrl+A全选，按快捷键Ctrl+C复制，按快捷键Ctrl+F粘贴在前面。在"透明度"面板中设置混合模式为"正片叠底"，让立体字的色调变深，如图3-98和图3-99所示。

图3-98

图3-99

02 按快捷键Ctrl+O，打开一个文件（光盘>素材>3.4b），这是一个分层的素材文件，黑色背景与光束图形位于"图层1"，花纹与光点图形位于"图层2"，如图3-100和图3-101所示。

图3-100

图3-101

03 在"图层1"后面单击显示■图标，如图3-102所示，表示已选取图层中的所有内容，按快捷键Ctrl+C复制，按快捷键Ctrl+F6切换到立体字文档中，按快捷键Ctrl+B粘贴在后面，作为立体字的背景，如图3-103所示，使画面更具视觉冲击力。

图3-102

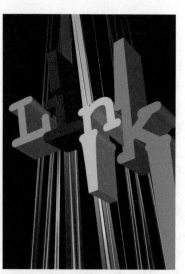

图3-103

04 使用"铅笔"工具 ✐绘制一个上宽下窄的图形，单击"色板"中的"渐黑"色块，为其填充渐变颜色，呈现的是黑色-透明渐变，如图3-104和图3-105所示。连续按两次快捷键Ctrl+[将该图形移到立体字的后面，作为投影出现，增强空间感，如图3-106所示。

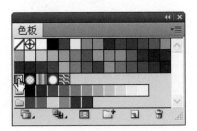

图3-104

图3-105

图3-106

05 在画面右侧再画一个图形，填充同样的渐变颜色，如图3-107所示。移到立体字的后面，效果如图3-108所示。

图3-107

图3-108

06 使用"钢笔"工具 ✐沿字母L的一边绘制一个闭合式路径，在"渐变"面板的颜色条下方单击添加滑块，将滑块颜色设置为白色。分别单击第2和第4个滑块，将"渐变"面板下方的不透明度设置为0%，渐变效果呈现白色与透明的交互变化，以体现立体字的高光效果，如图3-109和图3-110所示。在其他字母上也绘制高光图形，使立体效果更加生动，如图3-111所示。

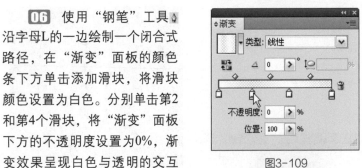

图3-109

图3-110

图3-111

07 按快捷键Ctrl+F6切换到素材文档，在"图层2"后面单击，选中图层中的所有内容，如图3-112所示。按快捷键Ctrl+C复制，按快捷键Ctrl+F6切换到立体字文档中，按快捷键Ctrl+F贴在前面，使画面内容热闹丰富，如图3-113所示。

图3-112

图3-113

3.5 涂抹风格橡胶字

✎ 学习技巧：使用变形工具对文字的外形进行处理，应用炭笔描边产生手写效果，然后再添加"外发光"和"内发光"效果。

✎ 学习时间：10分钟

✎ 技术难度：★★★

✎ 实用指数：★★★

PHOTO

输入文字

PHOTO

实例效果

3.5.1　文字的涂鸦效果

01 使用"文字"工具 T 在画面中单击输入文字，在控制面板中设置字体为Arial Black，大小为88pt，如图3-114所示。按快捷键Ctrl+Shift+O将文字创建为轮廓，如图3-115所示。

PHOTO PHOTO

图3-114

图3-115

02 双击"变形"工具 ，在弹出的对话框中设置画笔尺寸和强度，如图3-116所示。在文字上拖曳进行变形处理，如图3-117和图3-118所示。

图3-116

PHOTO

图3-117

PHOTO

图3-118

03 将文字的填充颜色设置为橙色。执行"效果">"风格化">"外发光"命令,在弹出的对话框中设置发光颜色和参数,如图3-119和图3-120所示。

图3-119

图3-120

3.5.2 边缘粗糙化

01 执行"窗口">"画笔库">"艺术效果">"艺术效果_粉笔炭笔铅笔"命令,在调出的面板中选择"炭笔1",如图3-121所示。按下X键将描边切换为当前项,设置描边颜色为白色,如图3-122所示。

图3-121

图3-122

02 执行"效果">"风格化">"内发光"命令,设置参数如图3-123所示,效果如图3-124所示。

图3-123

图3-124

3.6 前卫艺术涂鸦字

➤ 学习技巧:使用钢笔工具绘制图形,将描边轮廓化,载入渐变库用渐变样本填充。

➤ 学习时间:30分钟

➤ 技术难度:★★★

➤ 实用指数:★★★★

绘制文字

作为T恤图案

3.6.1 文字图形化

01 首先将"幻象"这个词用图形化的方式表现出来，将它设计的自由、随意、充满个性，这也符合涂鸦艺术的风格。使用"钢笔"工具 在画面中绘制一个闭合式路径，如图3-125所示。按住 Ctrl 键在画面空白处单击结束绘制，在右侧绘制一个接近半圆的路径图形，如图3-126所示，"幻"字就绘制完了。

02 "象"字分4个部分来绘制，先绘制一个"山"形的图形，如图3-127所示，再将日字以圆形路径勾勒，与一撇连在一起，形成一个流畅的弧线，其他笔画则因势利导，依次绘制，线条看起来要有流动感，如图3-128和图3-129所示。

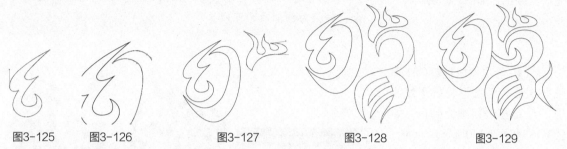

图3-125　　　图3-126　　　　图3-127　　　　图3-128　　　　图3-129

03 按快捷键Ctrl+A选取所有图形，按快捷键Ctrl+G编组。执行"窗口"＞"色板库"＞"渐变"＞"蜡笔"命令，载入"蜡笔"库，单击如图3-130所示的色块，将图形填充渐变颜色，如图3-131所示。

04 按下X键切换到描边编辑状态，单击"色板"中的棕色块，如图3-132所示，将描边颜色设置为棕色，如图3-133所示。

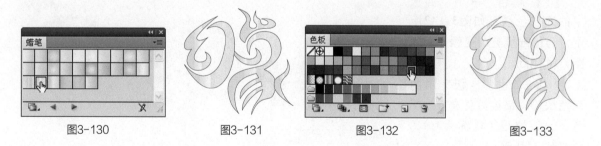

图3-130　　　　　图3-131　　　　　图3-132　　　　　图3-133

3.6.2 制作绚丽的描边效果

01 按快捷键Ctrl+C复制，按快捷键Ctrl+B粘贴到后面，用这个图形制作描边效果。按快捷键Ctrl+F10调出"描边"面板，设置描边粗细为11pt，分别单击"平头端点"按钮 和"斜接连接"按钮 ，如图3-134和图3-135所示。

图3-134

图3-135

02 执行"对象">"路径">"轮廓化描边"命令，将描边转换为图形，如图3-136所示。

03 按下X键切换到填充编辑状态，执行"窗口">"色板库">"渐变">"季节"命令，载入"季节"库，单击如图3-137所示的色块，将图形填充渐变颜色，如图3-138所示。

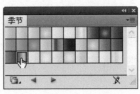

图3-136　　　　　图3-137　　　　　图3-138

> **→ 提示** ••
>
> 描边是不能填充渐变颜色的，只有经过轮廓化描边命令，转换为图形后才可以。

04 再次按快捷键Ctrl+B粘贴图形，该图形将位于最底层，设置描边粗细为40pt，如图3-139和图3-140所示。

05 执行"对象">"路径">"轮廓化描边"命令，将描边转换为图形，如图3-141所示。

图3-139　　　　　图3-140　　　　　图3-141

06 单击"季节"面板中的渐变色块，如图3-142所示，为图形填充渐变颜色，如图3-143所示。

07 单击"色板"中的棕色块，将描边颜色设置为棕色，再设置描边粗细为3pt，如图3-144所示。

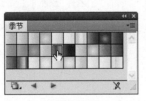

图3-142　　　　　图3-143　　　　　图3-144

08 使用"矩形"工具绘制一个矩形，按快捷键Ctrl+Shift+[将其移至底层，单击"蜡笔"面板中的渐变色块，为其填充渐变颜色，如图3-145和图3-146所示。

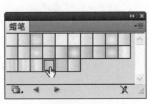

图3-145　　　　　　图3-146

09 按快捷键Ctrl+F9调出"渐变"面板，设置渐变角度为90°，改变渐变的方向，如图3-147和图3-148所示。可将该图形做为T恤的图案，很有装饰性，如图3-149所示。

图3-147

图3-148

图3-149

3.7 趣味卡通布块字

✎ 学习技巧：将文字分割成块面，制作成绒布效果，再自定义一款笔刷，制作缝纫线。

✎ 学习时间：90分钟

✎ 技术难度：★★★★

✎ 实用指数：★★★★

输入文字

制作立体效果

实例效果

3.7.1 制作切片文字

01 选择"文字"工具 **T**，在画面中单击输入文字，在控制面板中设置字体和大小，如图3-150所示。按快捷键Ctrl+Shift+O将文字创建为轮廓，如图3-151所示。

02 选择"美工刀"工具 ✂，在文字上划过，将文字切成6部分，如图3-152和图3-153所示。

图3-150

图3-151

图3-152

图3-153

03 文字切开后依然位于一个组中，按快捷键Ctrl+Shift+G取消编组。选择上方的图形，将填充颜色设置为黄色，如图3-154和图3-155所示，改变其他图形的颜色，如图3-156所示。

图3-154

图3-155

图3-156

3.7.2 制作绒布效果

01 按快捷键Ctrl+A全选，执行"效果">"风格化">"内发光"命令，设置不透明度为55%，模糊参数为2.47mm，选中"边缘"选项，如图3-157和图3-158所示。

图3-157

图3-158

02 执行"效果">"风格化">"投影"命令，设置不透明度为70%，X、Y位移参数为0.47mm，如图3-159和图3-160所示。

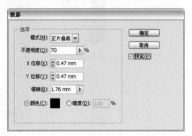

图3-159

图3-160

03 执行"效果">"扭曲和变换">"收缩和膨胀"命令，设置参数为5，使布块的边线有不规则的变化，如图3-161和图3-162所示。

图3-161

图3-162

04 按下F7键调出"图层"面板，如图3-163所示，将"图层1"拖曳到面板底部的按钮上，复制该图层，如图3-164所示。图层后面依然有图标显示，说明该图层中的内容处于选中状态。

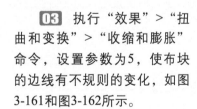

图3-163

图3-164

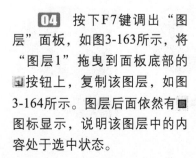

突破平面Illustrator CS5设计与制作深度剖析

Ai

05 调出"外观"面板，在"投影"属性上单击将其选取，如图3-165所示。按住Alt键单击面板底部的▓按钮，删除"投影"属性，如图3-166所示，使当前所选对象没有投影效果。

06 双击"外观"面板中的"内发光"属性，打开"内发光"对话框，将模式修改为"正片叠底"，颜色为黑色，模糊参数为4.23mm，选中"中心"选项，如图3-167和图3-168所示。

图3-165

图3-166

图3-167

图3-168

07 单击"外观"面板中的"不透明度"属性，弹出"透明度"面板，将不透明度参数设置为35%，如图3-169所示，效果如图3-170所示。

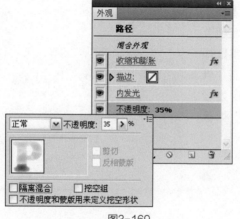

图3-169

图3-170

3.7.3 模拟缝纫线效果

01 下面绘制一组类似缝纫线的图形，将它创建为画笔，在绘制路径时，应用该笔刷就会产生缝纫线的效果。先绘制一个粉色的矩形，这个图形只是作为背景衬托。使用"圆角矩形"工具▢创建一个图形，填充黑色，如图3-171所示。使用"椭圆"工具◯按住Shift键绘制正圆形，填充白色，按快捷键Ctrl+[移动到黑色图形后面，如图3-172所示。

02 使用"选择"工具▸按住快捷键Shift+Alt向下拖曳白色圆形将其复制，如图3-173所示。选取这一个黑色圆角矩形和两个白色圆形，按快捷键Ctrl+G编组。按住快捷键Shift+Alt拖曳图形进行复制，如图3-174所示。

图3-171

图3-172

图3-173

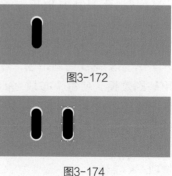

图3-174

03 按两次快捷键Ctrl+D执行"再次变换"命令，又生成两个新的图形，如图3-175所示。使用"矩形"工具▢绘制一个矩形，将这4组图形包含在内，同时，在右侧要多出一部分，以使缝纫线不断重复时能够有一个均衡的距离。该矩形无填充与描边颜色，它只代表一个单位图案的范围，如图3-176所示。

图3-175

图3-176

04 将粉色图形删除，选取剩余的图形，如图3-177所示。按F5键打开"画笔"面板，单击该面板底部的▣按钮，弹出"新建画笔"对话框，选中"图案画笔"选项，如图3-178所示。单击"确定"按钮，弹出"图案画笔选项"对话框，使用系统默认参数即可，如图3-179所示，单击"确定"按钮，将图形创建为画笔，其被保留在"画笔"面板中，如图3-180所示。

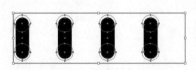

图3-177

图3-178

图3-179

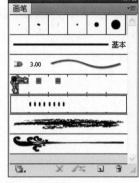

图3-180

05 使用"钢笔"工具✒沿文字切割处绘制一条路径，如图3-181所示。单击"画笔"面板中自定义的笔刷，如图3-182所示，将笔刷应用于路径，效果如图3-183所示。

图3-181

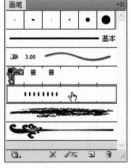

图3-182

图3-183

06 在控制面板中设置描边粗细为0.25pt，使缝纫线变小，符合文字的比例，如图3-184所示。继续绘制路径，应用笔刷效果，使每个布块之间都有缝纫线连接，如图3-185所示。一个布块文字就制作完成了，将文字全部选取，按快捷键Ctrl+G编组。

图3-184

图3-185

07 用上述方法制作出更多的布块文字，如图3-186和图3-187所示。

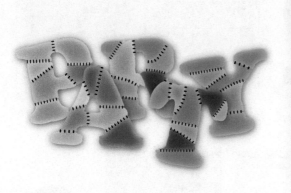

图3-186

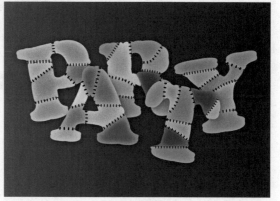

图3-187

3.8 光影特效描边字

✎ 学习技巧：在"外观"
面板中设置数字的描边
属性，使数字具有多重
描边效果。通过渐变与
混合模式来协调画面的
整体色调。

✎ 学习时间：60分钟

✎ 技术难度：★★★★

✎ 实用指数：★★★★

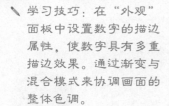

输入文字

描边效果

实例效果

3.8.1　制作多重描边效果

01 选择"文字"工具 **T**，
在画面中单击输入文字，在控
制面板中设置字体及大小，如
图3-188所示（光盘中有文字素
材）。按快捷键Ctrl+Shift+O将
文字创建为轮廓，如图3-189所
示。

字符: Bell Gothic Std ⌄ Bold ⌄ ⇕ 211 pt ⌄

图3-188

图3-189

02 设置填充颜色为橙色，描边颜色为橘红色，描边粗细为12pt，如图3-190所示。按快捷键Shift+F6调出"外观"面板，如图3-191所示，双击"内容"属性，展开内容选项，如图3-192所示。

图3-190   图3-191   图3-192

03 选择"描边"属性，单击面板底部的"复制所选项目"按钮，复制该属性，如图3-193所示，将"描边"属性拖曳到"填色"属性下方，设置描边粗细为34pt，按F6键调出"颜色"面板，修改描边颜色为深红色，如图3-194和图3-195所示。

图3-193   图3-194   图3-195

04 执行"效果">"风格化">"投影"命令，打开"投影"对话框，使用系统默认的参数即可，如图3-196和图3-197所示。

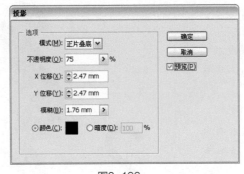

图3-196   图3-197

05 使用"直线"工具按住Shift键绘制一条直线，描边颜色为浅绿色，描边粗细为12pt，如图3-198和图3-199所示。

06 选择"描边"属性，连续两次单击面板底部的"复制所选项目"按钮，复制该属性，如图3-200所示，修改描边的颜色和粗细，使它们由小到大排列，依次为12pt、34pt、60pt，如图3-201所示。这样才能使细描边显示在粗描边上面，如图3-202所示。

图3-198   图3-199   图3-200   图3-201   图3-202

突破平面Illustrator CS5设计与制作深度剖析

07 按快捷键 Ctrl+Shift+E 应用"投影"效果，使竖线也具有与数字相同的投影效果，如图3-203所示。按快捷键Ctrl+[将竖线移动到数字后面，如图3-204所示。

图3-203　　　　　　　　　图3-204

3.8.2　文字的渐隐效果

01 在数字上绘制一个矩形，填充"黑色-透明"线性渐变，如图3-205和图3-206所示。

图3-205　　　　　　　　　图3-206

> **提示**
>
> "色板"面板中有"黑色-透明"渐变样本，这种渐变的滑块颜色都是黑色，只是一侧的滑块不透明度为0%，才能形成有色到透明的过渡效果。

02 使用"选择"工具 ▸ 按住Shift键单击数字2，将其与矩形同时选中，如图3-207所示，单击"透明度"面板右上角的▾■按钮，打开面板菜单，执行"建立不透明度蒙版"命令，如图3-208所示。渐变图形对数字形成了遮罩效果，黑色渐变覆盖的区域被隐藏，由于渐变是黑色到透明的过渡，数字也呈现了一个由清晰到消失的效果，如图3-209和图3-210所示。

 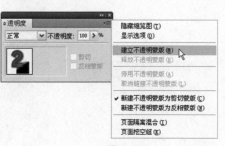  

图3-207　　　　　　　图3-208　　　　　　　图3-209　　　　图3-210

03 使用"椭圆"工具 ◎ 按住Shift键绘制一个圆形，无填充颜色，描边颜色为黄色，在"外观"面板中复制出两个"描边"属性，调整颜色和粗细，如图3-211、图3-212所示。

04 按住Alt键拖曳数字2进行复制，按快捷键Ctrl+Shift+[移至底层，修改填充和描边颜色，如图3-213和图3-214所示。

图3-211　　　　　　　图3-212　　　　　　　图3-213　　　　　　　图3-214

3.8.3　协调色调与装饰画面

01 执行"文件">"置入"命令，选择一个文件（光盘>素材>3.8b），取消"链接"选项的勾选，使图像嵌入到文档中，如图3-215所示，单击"置入"按钮，将其置入文档中，如图3-216所示。按快捷键Ctrl+Shift+[将素材移至底层，如图3-217所示。

图3-215　　　　　　　　　图3-216　　　　　　　　　图3-217

02 绘制一个与背景大小相同的矩形，执行"窗口">"色板库">"渐变">"木质"命令，载入"木质"库，选择如图3-218所示的渐变样本作为填充，如图3-219所示。该矩形位于最顶层，用来协调画面色调，使数字与背景的木板好象在同一个场景中。

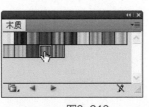

图3-218　　　　　　　　　图3-219

03 设置该图形的混合模式为"正片叠底",不透明度为75%,如图3-220和图3-221所示。

图3-220

图3-221

04 按快捷键Ctrl+C复制该矩形,按快捷键Ctrl+F粘贴到前面,在"渐变"面板中调整渐变颜色,如图3-222所示,在"透明度"面板中设置不透明度为54%,如图3-223和图3-224所示。

图3-222

图3-223

图3-224

05 绘制一个圆形,将"渐变"面板中的滑块设置为白色,单击右侧的滑块,将面板下方的不透明度设置为0%,形成中心为白色,边缘是透明的效果,如图3-225和图3-226所示。

图3-225

图3-226

06 在"透明度"面板中设置混合模式为"叠加",如图3-227和图3-228所示,使图形呈现光斑效果。使用"选择"工具 ↖ 按住Alt键拖曳圆形进行复制,适当调整大小,如图3-229所示。再复制一些圆形,将混合模式设置为"正常",形成闪亮的光点,如图3-230所示。

图3-227　　　　　　　　图3-228

图3-229

图3-230

07 按快捷键Ctrl+O,打开一个文件(光盘>素材>3.8c),如图3-231所示,在"图层1"后面单击,选取该层中的所有内容,如图3-232所示。

图3-231

图3-232

08 按快捷键Ctrl+C复制,按快捷键Ctrl+F6切换到特效字文档中,单击"图层"面板底部的 ⅃ 按钮,新建一个图层,如图3-233所示。按快捷键Ctrl+V粘贴,使画面内容丰富,如图3-234所示。

图3-233

图3-234

3.9 真实质感金属字

✎ 学习技巧：制作立体字，并使用立体字作为不透明度蒙版图形，对铁皮素材进行遮盖。

✎ 学习时间：60分钟

✎ 技术难度：★★★★★

✎ 实用指数：★★★★★

输入文字　　立体效果　　添加质感　　实例效果

3.9.1 制作立体字

01 选择"文字"工具 **T**，在画面中单击并输入文字，在控制面板中设置字体和大小，如图3-235所示。

02 执 行 " 效 果 " > 3D>"凸出和斜角"命令，在弹出的对话框中设置参数，拖曳光源预览框中的光源，改变其位置，单击"新建光源"按钮 再添加一个光源，如图3-236所示，效果如图3-237所示。

图3-235

图3-237

图3-236

3.9.2 添加纹理

01 执行"文件">"置入"命令，选择一个文件（光盘>素材>3.9），取消"链接"选项的勾选，使图像嵌入到文档中，如图3-238所示，单击"置入"按钮，将图像置入到当前文件，如图3-239所示。

图3-238

图3-239

02 在"铁"字图层后面单击将其选中,如图3-240所示,按快捷键Ctrl+C复制文字,在画面空白处单击,取消当前的选中状态,按快捷键Ctrl+F粘贴到前面,如图3-241所示。

图3-240

图3-241

03 将文字的填充颜色设置为白色。按快捷键Shift+F6调出"外观"面板,双击"3D凸出和斜角"属性,如图3-242所示,弹出"3D凸出和斜角选项"对话框,单击光源预览框下方的 按钮删除一个光源,将另一个光源移动到物体下方,如图3-243和图3-244所示。

图3-242

图3-234

图3-244

04 按住快捷键Ctrl+Shift在铁皮素材上单击,将其与立体字一同选取,按快捷键Ctrl+Shift+F10打开"透明度"面板,单击 按钮打开面板菜单,执行"建立不透明蒙版"命令,使用立体字对铁皮素材进行遮盖,将文字以外的图像隐藏,如图3-245和图3-246所示。

图3-245

图3-246

突破平面Illustrator CS5设计与制作深度剖析

05 设置混合模式为"正片叠底",将铁皮纹理溶合到下一层的立体字中,如图3-247和图3-248所示。

图3-247

图3-248

→ 提示

在创建不透明蒙版时,如果作为蒙版的对象是彩色的,Illustrator会将它转换为灰度模式,并根据其灰度值来决定蒙版的遮罩程度。

3.9.3 表现光泽与投影

01 创建一个能够将文字全部遮盖的矩形,在"渐变"面板中添加滑块,设置金属质感的渐变,如图3-249和图3-250所示。

图3-249

图3-250

02 在"图像"层后面单击,将铁皮纹理字选取,如图3-251所示。单击"透明度"面板中蒙版对象缩览图,如图3-252所示,可以选取蒙版中的立体字;按快捷键Ctrl+C复制该文字,单击图稿缩览图返回到图像的编辑状态,如图3-253所示。在画面空白处单击取消选中状态。

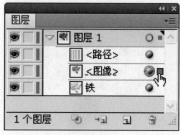

图3-251

图3-252

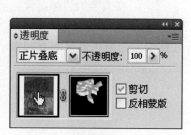

图3-253

03 按快捷键Ctrl+F将复制的立体字粘贴到前面，如图3-254所示。选取当前的立体字和后面的渐变图形，单击"透明度"面板中的 按钮打开面板菜单，执行"建立不透明蒙版"命令，设置混合模式为"颜色加深"，不透明度为45%，如图3-255和图3-256所示。

图3-254

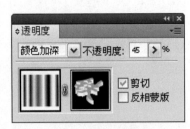

图3-255

图3-256

04 使用"铅笔"工具 在文字上绘制高光图形，如图3-257所示。执行"效果">"风格化">"羽化"命令，设置羽化半径为2mm，如图3-258所示。

图3-257

图3-258

05 设置混合模式为"叠加"，如图3-259所示，效果如图3-260所示。

图3-259

图3-260

06 在文字的边缘继续绘制高光图形，如图3-261所示，设置相同的羽化效果与叠加模式，效果如图3-262所示。

图3-261

图3-262

07 根据文字的外形绘制投影图形，按快捷键Ctrl+Shift+[将该图形移动到最底层，如图3-263所示。按快捷键Ctrl+Shift+Alt+E弹出"羽化"对话框，设置羽化半径为7mm，如图3-264所示，效果如图3-265所示。

图3-263   图3-264   图3-265

3.10 艺术化电路板字

🖊 学习技巧：学习路径创建和编辑技巧，包括怎样封闭路径、延长路径、偏移路径、移动锚点改变路径形状等。

🖊 学习时间：60分钟

🖊 技术难度：★★★★

🖊 实用指数：★★★★★

制作文字与路径   表现光泽与立体效果   实例效果

3.10.1 制作文字

01 选择"文字"工具 **T**，在画面中单击并输入字母 X，按下Esc键结束文本的输入状态。按快捷键Ctrl+T调出"字符"面板，设置字体、大小及水平缩放的参数，如图3-266和图3-267所示。

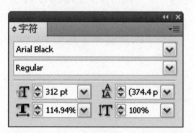

图3-266

图3-267

02 按快捷键Ctrl+C复制文字，按快捷键Ctrl+F将复制后的文字粘贴到当前文字的前面。将文字的颜色设置为橙色。在"字符"面板中调整文字的大小和水平比例，如图3-268和图3-269所示。

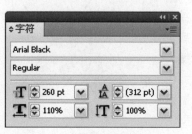

图3-268

图3-269

03 按快捷键Ctrl+A选取这两个字，按快捷键Ctrl+Alt+B制作混合效果，混合步数为1，如图3-270所示。在画面空白处单击，取消当前的选中状态，按快捷键Ctrl+F粘贴文字。将填充颜色设置为无，设置描边颜色为黄色，宽度为3pt，如图3-271所示。

图3-270

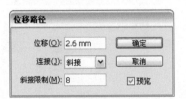

图3-271

04 执行"对象"＞"路径"＞"位移路径"命令，在弹出的对话框中设置参数如图3-272所示，效果如图3-273所示。

位移路径

位移(O): 2.6 mm

连接(J): 斜接

斜接限制(M): 8

确定　取消

预览

图3-272

图3-273

> **提示**
>
> 当要创建同心圆或制作相互之间保持固定间距的多个对象时，使用偏移路径会特别方便。

05 执行"对象"＞"路径"＞"轮廓化描边"命令，将描边创建为轮廓，如图3-274所示。创建轮廓的宽度以描边的宽度为依据，对象的描边越粗，创建的轮廓越宽。为了便于观察，先将图形的填充颜色设置为黑色，如图3-275所示。按快捷键Ctrl+A全选，按快捷键Ctrl+2锁定所选对象，也就是将对象保护起来，对象无法被选取，也就不能再做任何编辑操作。按快捷键Ctrl+Alt+2可以解除对象的锁定状态。

图3-274

图3-275

> **提示**
>
> 将路径转换为轮廓时，描边不宜过细，因为这样做一方面会影响对图形的观察，并且不易选中，另一方面也会增加文件的大小。

3.10.2 制作电路板

01 用"钢笔"工具绘制一条开放式路径，描边宽度为4pt，在绘制时按住Shift键可以使直线呈水平或垂直方向，在绘制斜线时释放Shift键，以便于更好地控制斜线的角度，如图3-276所示。在它上面再分别绘制两条路径，与第一条路径的形状相同，但保持一定间距，如图3-277所示。

图3-276

图3-277

02 按住Ctrl键切换为"选择"工具 ▶，选取这3条开放式路径（在选取路径的过程中应始终按住Ctrl键），如图3-278所示，按快捷键Ctrl+G编组。选择"镜像"工具 ⚏，按住Alt键在文字"X"的中心单击，同时弹出"镜像"对话框，选中"水平"选项，单击"复制"按钮进行复制，如图3-279和图3-280所示。

03 使用"选择"工具 ▶，将光标放在边界框的右侧，按住Alt键向外拖曳鼠标将路径放大，如图3-281所示。

图3-278 　　　　　　　　图3-279 　　　　　　　　图3-280 　　　　　　　　图3-281

04 使用"直接选择"工具 ▷ 在开放式路径上单击，显示锚点，如图3-282所示；使用"钢笔"工具 ✎ 在端点上单击，如图3-283所示；将光标移动到另一条开放式路径的端点上，光标变为 ✎ₒ 状，如图3-284所示，单击鼠标将两条开放式路径连接在一起，如图3-285所示。

图3-282 　　　　　　　　图3-283 　　　　　　　　图3-284 　　　　　　　　图3-285

→ 提示

连接锚点后形成的直线并不是水平的，按↑键，对锚点进行轻移，直到路径呈水平状态。

05 使用"钢笔"工具 ✎ 在开放式路径的端点上单击，如图3-286所示；按住Shift键在该端点右侧空白处单击，绘制一条直线，如图3-287所示；释放Shift键在右上方单击，绘制一条斜线，如图3-288所示；继续绘制，使路径出现转折，如图3-289所示。

图3-286 　　　　　　　　图3-287 　　　　　　　　图3-288 　　　　　　　　图3-289

06 "直接选择"工具 ▷ 选取文字右侧开放式路径的端点，如图3-290所示；向左上方拖曳端点形成一条斜线，如图3-291所示。使用"钢笔"工具 ✎ 在路径上继续绘制，如图3-292所示。用同样方法绘制路径，调整锚点位置，产生如图3-293所示的效果。

图3-290

图3-291

图3-292

图3-293

07 使用"矩形"工具□绘制3个大小不同的矩形,如图3-294所示。使用"直接选择"工具▷选取如图3-295所示的路径段,按住Shift键向左侧拖曳,效果如图3-296所示。

08 选择这3个矩形,按快捷键Ctrl+Shift+F9调出"路径查找器"面板,单击□按钮,排除相交的形状区域,如图3-297和图3-298所示。

09 使用"编组选择"工具▷拖出一个矩形选框,选中如图3-299所示的路径,被选中的路径呈高亮显示,如图3-300所示;按Delete键删除,如图3-301所示。

10 将该图形移动到画面右侧,如图3-302所示。绘制其他路径,如图3-303所示。

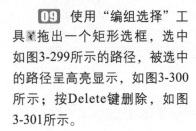
图3-294

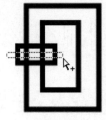
图3-295

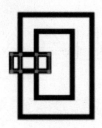
图3-296

图3-297

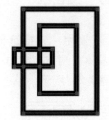
图3-298

图3-299 图3-300 图3-301

图3-302

图3-303

3.10.3 光泽与立体效果

01 双击"魔棒"工具✦,在调出的面板中勾选"描边颜色"选项,容差参数为系统默认即可,如图3-304所示。在电路板路径上单击,可以将路径全部选中,如图3-305所示。前面的操作中有锁定的路径,按快捷键Ctrl+Alt+2可以解除对象的锁定状态,否则不被选中。

02 执行"对象">"路径">"轮廓化描边"命令，将路径转换为轮廓，单击工具箱中的"渐变"按钮，以线性渐变进行填充，如图3-306所示。

图3-304

图3-305

图3-306

03 执行"效果">"风格化">"投影"命令，在弹出的对话框中设置参数，如图3-307所示，效果如图3-308所示。

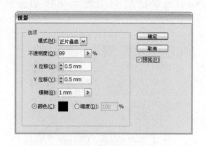

图3-307

图3-308

04 将"图层1"锁定，单击"图层"面板下方的 按钮，新建一个图层，用来制作电路板的背景，将它拖曳到"图层1"下方，如图3-309所示。绘制一个矩形，设置宽度为12pt，填充渐变，如图3-310 和图3-311所示。

图3-309

图3-310

图3-311

05 保持该矩形的选中状态，执行"对象">"路径">"轮廓化描边"命令，将描边创建为轮廓。使用"编组选择"工具 在轮廓上单击将其选中，修改渐变，如图3-312和图3-313所示。

图3-312

图3-313

06 使用"编组选择"工具 ⮕ 在橙黄色渐变矩形上单击将其选中，按快捷键Ctrl+Shift+Alt+E打开"投影"对话框，调整参数如图3-314所示，效果如图3-315所示。

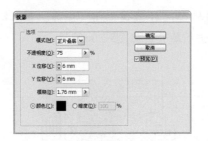

图3-314

图3-315

07 使用"矩形"工具 ⬜ 绘制一个矩形，填充线性渐变，如图3-316所示。使用"选择"工具 ⮕ 按住Alt键拖曳矩形进行复制，如图3-317所示。使用 ⮕ 工具在矩形上面绘制矩形选框，将其全部选取，按快捷键Ctrl+G编组。按住Alt键将群组后的矩形向下移动并复制，如图3-318所示。

图3-316

图3-317

图3-318

08 在电路板右侧绘制矩形，按快捷键Ctrl+Shift+Alt+E打开"投影"对话框，调整参数如图3-319所示，效果如图3-320所示。

图3-319

图3-320

09 使用"圆角矩形"工具 ⬜ 绘制一个圆角矩形，填充径向渐变，按快捷键Ctrl+Shift+E添加投影效果，如图3-321和图3-322所示。按住Alt键拖曳椭圆形进行复制，分散排列在电路板上，完成后的效果如图3-323所示。

图3-321

图3-322

图3-323

第4章

特效纹理实战技巧

4.1.1 棉布

🖎 学习技巧：通过"纹理化"与混合模式表现棉布纹理。

🖎 学习时间：10分钟

🖎 技术难度：★

🖎 实用指数：★★★

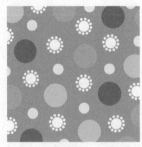

素材　　　　　　　　实例效果

01 打开一个文件（光盘>素材>4.1.1），如图4-1所示，这是一张花纹图案，要在它的基础上制作出布纹效果。执行"视图">"智能参考线"命令，启用智能参考线，它可以辅助进行定位和对齐。选择"矩形"工具▢，将光标放在图案的左上角，对齐之后会显示出提示信息，如图4-2所示，按住Shift键创建一个与图案大小相同的方形。

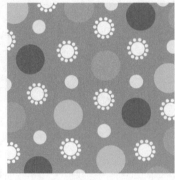

图4-1　　　　　　　　图4-2

02 按下F6键调出"颜色"面板，调整颜色如图4-3所示；按快捷键Ctrl+Shift+F10调出"透明度"面板，设置混合模式为"叠加"，如图4-4和图4-5所示。

图4-3

图4-4

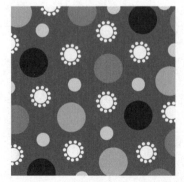

图4-5

03 执行"效果">"纹理">"纹理化"命令，打开"纹理化"对话框，在"纹理"下拉列表中选择"画布"选项，设置参数如图4-6所示，效果如图4-7所示。

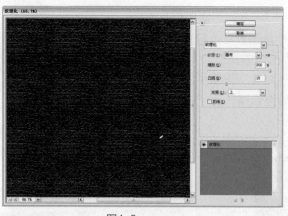

图4-6 图4-7

➡ **提示**

"纹理化"滤镜可以在图像中加入各种纹理，使图像呈现纹理质感。如果单击"纹理"选项右侧的 ▾≣ 按钮，执行菜单中的"载入纹理"命令，则可载入一个PSD格式的文件作为纹理文件来使用。

04 按快捷键Ctrl+C复制当前图形，按快捷键Ctrl+F粘贴到前面，如图4-8所示；在"颜色"面板中调整图形的填充颜色，如图4-9所示。

05 在"透明度"面板中设置混合模式为"强光"，不透明度为22%，效果如图4-10所示。如果要使布纹粗一些，可以在"纹理化"对话框中将纹理设置为"粗麻布"，效果如图4-11所示。

图4-8 图4-9 图4-10 图4-11

4.1.2 呢料

✎ 学习技巧：通过"胶片颗粒"效果与混合模式表现布料纹理。

✎ 学习时间：10分钟

✎ 技术难度：★

✎ 实用指数：★★★

素材 实例效果

01 打开一个文件（光盘>素材>4.1.2），如图4-12所示。

02 使用"矩形"工具 创建一个与图案大小相同的矩形，在"颜色"面板中调整填充颜色为紫色，如图4-13所示。执行"效果">"艺术效果">"胶片颗粒"命令，设置参数如图4-14所示。在"透明度"面板中设置矩形的混合模式为"强光"，如图4-15和图4-16所示。

图4-12

图4-13

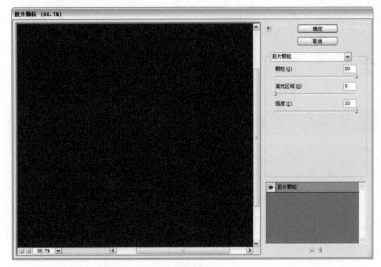

图4-14

图4-15

图4-16

> **提示**
>
> "胶片颗粒"效果可将平滑的图案应用于阴影和中间色调，将一种更平滑、饱和度更高的图案添加到亮区，产生类似胶片颗粒状的纹理效果。

03 复制当前的矩形，按快捷键Ctrl+F粘贴到前面，在"颜色"面板中调整颜色，如图4-17所示，设置混合模式为"叠加"，如图4-18和图4-19所示。

图4-17

图4-18

图4-19

4.1.3　麻纱

✎ 学习技巧：通过"海洋波纹"效果与混合模式表现布料纹理。

✎ 学习时间：10分钟

✎ 技术难度：★

✎ 实用指数：★★★

素材　　　　　　　　　　实例效果

01 打开一个文件（光盘>素材>4.1.3），如图4-20所示。

02 使用"矩形"工具 □ 创建一个与图案大小相同的矩形。单击"色板"下方的 ▣ 按钮，打开色板库菜单，执行"渐变">"中性色"命令，如图4-21所示，加载该色板库，选择如图4-22所示的渐变颜色，效果如图4-23所示。

图4-20

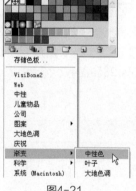

图4-21

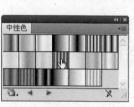

图4-22

图4-23

03 执行"效果">"扭曲">"海洋波纹"命令，设置参数如图4-24所示。设置该图形的混合模式为"强光"，如图4-25所示，效果如图4-26所示。

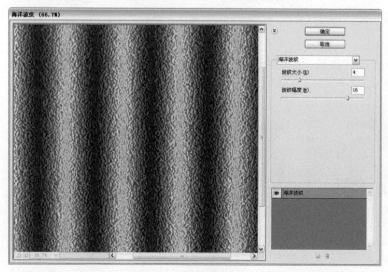

图4-24

图4-25

图4-26

→ 提示

"海洋波纹"效果可以将随机分隔的波纹添加到图像表面，它产生的波纹细小，边缘有较多抖动，使图像看起来像是在水下。

4.1.4 迷彩

✎ 学习技巧：通过"点状化"与混合模式表现布料纹理。

✎ 学习时间：20分钟

✎ 技术难度：★

✎ 实用指数：★★★

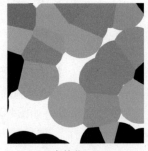
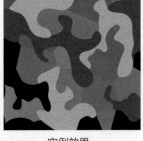

点状化   实例效果

01 按快捷键Ctrl+N打开"新建文档"对话框，新建一个A4大小、CMYK颜色模式的文档。

02 在"颜色"面板中调整颜色，如图4-27所示。选择"矩形"工具 ▢，在画面中单击打开"矩形"对话框，设置宽度与高度均为78mm，如图4-28和图4-29所示。

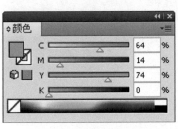

图4-27   图4-28   图4-29

03 按快捷键Ctrl+C复制矩形，按快捷键Ctrl+F粘贴到前面，调整填充颜色，如图4-30所示，设置描边颜色为黑色，粗细为1pt，如图4-31所示。

04 执行"效果">"像素化">"点状化"命令，将单元格大小设置为300，如图4-32和图4-33所示。

图4-30   图4-31   图4-32   图4-33

05 设置混合模式为"正片叠底",如图4-34和图4-35所示。使用"铅笔"工具绘制一些随意的图形,设置深浅不同的颜色,如图4-36所示。

图4-34

图4-35

图4-36

06 再次按快捷键Ctrl+F粘贴矩形,调整填充颜色如图4-37所示。执行"效果">"纹理">"纹理化"命令,打开"纹理化"对话框,设置参数如图4-38所示。设置混合模式为"正片叠底",效果如图4-39所示。

图4-37

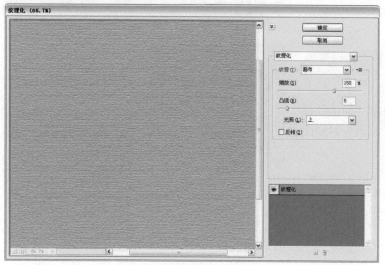
图4-38

图4-39

07 再次按快捷键Ctrl+F粘贴矩形,单击"图层"面板下方的"建立/释放剪切蒙版"按钮,将矩形以外的区域隐藏,如图4-40和图4-41所示。

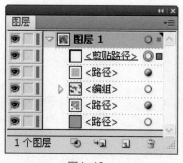
图4-40

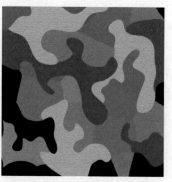
图4-41

4.1.5 牛仔布

- 学习技巧：添加纹理样式，在"外观"面板中设置对象属性。
- 学习时间：20分钟
- 技术难度：★★
- 实用指数：★★★

添加纹理　　　　　　　　实例效果

01 按快捷键Ctrl+N打开"新建文档"对话框，在"新建文档配置文件"下拉列表中选择"基本CMYK"选项，它的分辨率默认为72ppi，创建一个A4大小的文档。

02 选择"矩形"工具 □，在画面中单击打开"矩形"对话框，设置宽度与高度均为78mm，单击"确定"按钮，创建一个矩形。执行"窗口">"图形样式库">"纹理"命令，打开"纹理"样式库，选择如图4-42所示的样式，效果如图4-43所示。

图4-42

图4-43

03 打开"外观"面板，单击"描边"属性前面的 ◉ 图标，将描边隐藏，如图4-44和图4-45所示。

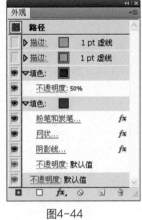

图4-44

图4-45

04 使用"铅笔"工具 ✐ 绘制一个图形，填充浅灰色，如图4-46所示。执行"效果">"风格化">"羽化"命令，设置羽化半径为18mm，如图4-47所示。设置不透明度为80%，如图4-48和图4-49所示。

图4-46

图4-47

图4-48

图4-49

05 再创建一个同样大小的矩形，在"颜色"面板中调整颜色，如图4-50所示；设置混合模式为"叠加"，按快捷键Ctrl+[将其向下移动一层，效果如图4-51所示。

06 使用"钢笔"工具 ✎ 绘制褶皱，使质感看起来更加真实。为了使褶皱的边缘变得柔和，可以设置羽化效果，羽化参数为1mm左右，效果如图4-52所示。在300ppi的文档中使用相同的参数制作，可以表现出更加细腻的纹理效果，如图4-53所示。

图4-50

图4-51

图4-52

图4-53

4.2　5款炫彩背景的制作方法

4.2.1　矩阵网点

✎ 学习技巧：创建点状图形，设置混合模式表现特效。

✎ 学习时间：10分钟

✎ 技术难度：★

✎ 实用指数：★★★

点状分布的图形　　　　　　实例效果

01 执行"窗口">"符号库">"点状图案矢量包"命令，在打开的面板中选择如图4-54所示的符号，将其拖曳到画面中。使用"选择"工具 ▶ 按住Shift键拖曳定界框的一角，将符号适当缩小，如图4-55所示。

02 按快捷键Ctrl+Shift+F11调出"符号"面板，单击面板下方的 ⚭ 按钮，断开画面中的符号与样本的链接，如图4-56所示，将图形填充橙色，如图4-57所示。

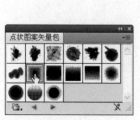
图4-54

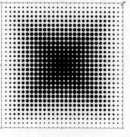
图4-55

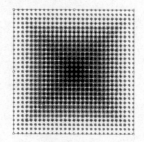
图4-56

图4-57

03 使用"矩形"工具▣按住Shift键创建一个与网点图形大小相同的正方形。执行"窗口">"色板">"渐变">"天空"命令，在调出的面板中选择如图4-58所示的样本，效果如图4-59所示。

04 设置图形的混合模式为"滤色"，如图4-60和图4-61所示。

图4-58　　　　　图4-59　　　　　图4-60　　　　　图4-61

05 加载不同的渐变库，尝试填充各种渐变颜色，使图形产生多种效果，如图4-62~图4-65所示。

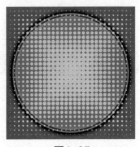

图4-62　　　　　图4-63　　　　　图4-64　　　　　图4-65

4.2.2　流线网点

- 学习技巧：将点状图形作为不透明度蒙版图形，对渐变图形进行遮盖。
- 学习时间：10分钟
- 技术难度：★★★
- 实用指数：★★★

创建渐变图形　　　　　　　　　　实例效果

01 选择"矩形"工具▣，在画面中单击打开"矩形"对话框，设置矩形的宽度和高度，如图4-66所示，单击"确定"按钮创建一个矩形。填充渐变颜色，如图4-67和图4-68所示。

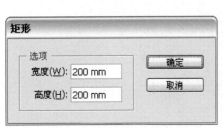

图4-66　　　　　　　　　图4-67　　　　　　　　图4-68

02 执行"窗口">"符号库">"点状图案矢量包"命令，在调出的面板中选择如图4-69所示的符号，将其拖曳到画面中，使用"选择"工具 ↖ 按住Shift键拖曳定界框的一角，将符号缩小，如图4-70所示。

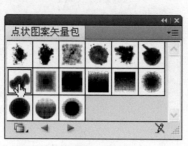

图4-69

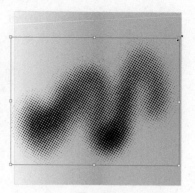

图4-70

03 选中这两个图形，如图4-71所示，按快捷键Ctrl+Shift+F10调出"透明度"面板，单击 ▾≡ 按钮打开面板菜单，执行"建立不透明度蒙版"命令，如图4-72所示，将点状图案创建为蒙版，勾选"反相蒙版"选项，如图4-73所示，产生如图4-74所示的效果。

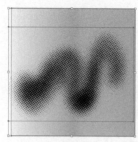

图4-71

图4-72

图4-73

图4-74

4.2.3　金属拉丝

✎ 学习技巧：通过"阴影线"效果与混合模式表现特效。

✎ 学习时间：10分钟

✎ 技术难度：★

✎ 实用指数：★★

创建渐变图形　　　　　　　实例效果

01 创建一个118mm×118mm大小的矩形，填充线性渐变，如图4-75和图4-76所示。

图4-75　　　　　　　　　　　　　　图4-76

02 执行"效果">"画笔描边">"阴影线"命令，在打开的对话框中设置参数，如图4-77所示，效果如图4-78所示。

图4-77

图4-78

03 按快捷键Ctrl+C复制当前图形，按快捷键Ctrl+F粘贴到前面，使用"选择"工具 按住Shift键在定界框的一角拖曳，将图形旋转90°，使原来垂直的纹理变为水平方向，如图4-79所示。在"透明度"面板中设置混合模式为"颜色加深"，如图4-80和图4-81所示。

图4-79　　　　　　　图4-80　　　　　　　图4-81

4.2.4　多彩光线

✎ 学习技巧：在创建一条
直线的过程中按下快捷
键复制生成更多直线，
形成放射状分布。

✎ 学习时间：10分钟

✎ 技术难度：★★★

✎ 实用指数：★★★

创建直线

实例效果

01 按快捷键Ctrl+N打开"新建文档"对话框，在"大小"
下拉列表中选择A4选项，在取向中单击 按钮，创建一个文档。

02 选择"矩形"工具 ，将光标放在画板左上角单击打开
"矩形"对话框，设置矩形的宽度和高度，如图4-82所示，单击
"确定"按钮，创建一个与画面大小相同的矩形，填充黑色。按
快捷键Ctrl+2将该矩形锁定。

图4-82

03 选择"直线"工具 ，将光标放在画面右上角，向画面左侧单击拖曳形成一条直线，不要
释放鼠标，如图4-83所示；按住~键向下拖曳自动复制生成若干条直线，如图4-84所示；注意鼠标
的移动轨迹呈弯曲状，最后在画面右下角结束绘制，释放鼠标与按键，所生成的直线处于被选中状
态。按快捷键Ctrl+G编组，设置直线的颜色为洋红，描边粗细为0.5pt，如图4-85所示。

图4-83

图4-84

图4-85

04 按住Ctrl键在画面以
外的区域单击取消选中状态，
光线效果如图4-86所示。按
快捷键Ctrl+C复制当前所有直
线，按快捷键Ctrl+F粘贴到前
面，使用"选择"工具 在定
界框的左下角拖动，将图形缩
小，右上角位置保持不变，如
图4-87所示。

图4-86

图4-87

　　在缩放直线时，如果描边粗细发生了变化，可以在选取直线的状态下单击右键，打开快捷菜单，选择"变换">"缩放"命令，在打开的对话框中取消"比例缩放描边和效果"选项的勾选，使对象在缩放时，描边粗细不发生变化。

　　05 将直线的颜色改为黄色，如图4-88所示。再次按快捷键Ctrl+F粘贴光线图形，用同样方法将图形缩小，调整颜色为橙色，如图4-89所示，制作位于最上面的白色光线图形。创建一个与画面大小相同的矩形，单击"图层"面板下方的 按钮，创建剪切蒙版，将画面以外的光线遮盖，如图4-90所示。

图4-88

图4-89

图4-90

4.2.5　水晶花纹

　　✎ 学习技巧：通过对符号样本进行变换、设置混合模式形成水晶花效果。

　　✎ 学习时间：10分钟

　　✎ 技术难度：★

　　✎ 实用指数：★★★

符号样本

实例效果

　　01 按快捷键Ctrl+N打开"新建文档"对话框，在"新建文档配置文件"下拉列表中选择Web选项，在"大小"下拉列表中选择800×600像素，创建一个RGB模式的文档。

　　02 执行"窗口">"符号库">"Web按钮和条形"命令，在打开的面板中选择如图4-91所示的符号，将其拖曳到画面中，如图4-92所示。

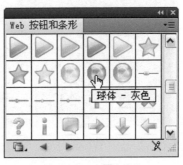
图4-91

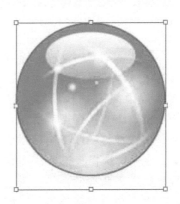
图4-92

03 调整符号的高度，如图4-93所示。在"透明度"面板中设置混合模式为"柔光"，如图4-94所示。在下面操作的过程中，图形产生交叠后会明显的看到柔光模式的效果。

图4-93

图4-94

04 选择"旋转"工具 ，将光标放在接近符号的底边处，如图4-95所示，按住Alt键单击，打开"旋转"对话框，设置角度为45°，单击"复制"按钮，旋转并复制一个符号，如图4-96和图4-97所示。

图4-95

图4-96

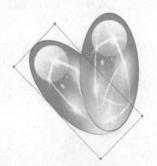

图4-97

05 按快捷键Ctrl+D再次变换，旋转并复制符号图形，组成一个完整的花朵图案，如图4-98所示。将图形全部选中，按快捷键Ctrl+G编组。

图4-98

06 将花朵图形复制，调整大小，并使用渐变填充的矩形作为背景，形成不同的效果，如图4-99～图4-102所示。

图4-99

图4-100

图4-101

图4-102

突破平面 Illustrator CS5设计与制作深度剖析

第5章

包装设计实战技巧

5.1 包装的种类

　　包装是产品的第一个"推销员"，好的商品要有好的包装来衬托才能充分体现其价值。不同的历史时期，包装的功能含义也各不相同，但包装永远也离不开采用一定材料和容器包裹、捆扎、容装、保护内装物及传达信息的基本功能。

5.1.1　包装的类型

● 纸箱：统称瓦楞纸箱，具有一定的抗压性，主要用于储运包装。
● 纸盒：用于销售包装，如糕点盒、化妆品盒、药盒等，如图5-1和图5-2所示为食品包装。

　　　　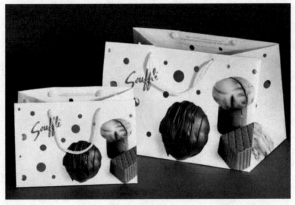

　　　　图5-1　　　　　　　　　　　　　　图5-2

● 木箱、木盒：木箱多用于储运包装，木盒主要用于工艺品等高档商品或礼品的包装，如图5-3所示。
● 铁盒、铁桶：多用于罐头、糖果和饮料包装，这类包装多采用马口铁或镀锌铁皮加工而成，另外还有镁铝合金的易拉罐等。
● 塑料包装：包括塑料袋、塑料桶、塑料盒等。塑料袋是最为广泛的包装物，塑料桶和塑料盒主要用于液体类的包装。如图5-4所示为饮料包装。

　　　　图5-3　　　　　　　　　　　　　　图5-4

- 玻璃瓶：多用于酒类、罐头、饮料和药品的包装。玻璃瓶分为广口瓶和小口瓶，又有磨砂、异形、涂塑等不同的工艺。如图5-5所示为化妆品包装设计。
- 棉、麻织品：多用于土特产的传统包装方式。如图5-6所示为大米包装设计。
- 陶罐、瓷瓶：属于传统的包装形式，常用于酒类、土特产。

图5-5

图5-6

5.1.2　包装的设计定位

包装设计应向消费者传递一个完整的信息，即这是一种什么样的商品，这种商品的特色是什么，适用于哪些消费群体。包装的设计还应充分考虑消费者的定位，包括消费者的年龄、性别和文化层次，针对不同的消费阶层和消费群体进行设计，才能有的放矢，达到促进商品销售的目的。

包装设计要突出品牌，巧妙地将色彩、文字和图形组合，形成有一定冲击力的视觉形象，从而将产品的信息准确地传递给消费者，此外，还应便于运输、陈列和消费者使用。

5.2　可乐瓶设计

- 学习技巧：绘制漂亮的图案，定义为符号。使用3D绕转命令制作可乐瓶、瓶盖，使用自定义的符号作为可乐瓶贴图。
- 学习时间：80分钟
- 技术难度：★★★★
- 实用指数：★★★★★

绘制路径　　制作3D效果　　　　　　实例效果

5.2.1 制作表面图案

01 按快捷键Ctrl+N打开"新建文档"对话框,在"新建文档配置文件"下拉列表选中"基本RGB"选项,在"大小"下拉列表中选择A4选项,新建一个A4大小、RGB模式的文档。选择"矩形"工具▢,在画面中单击打开"矩形"对话框,设置宽度为195mm,高度为31mm,如图5-7所示,单击"确定"按钮,创建一个矩形,填充深红色,无描边颜色,如图5-8所示。

02 再创建一个宽度为57.5mm,高度为8.9mm的矩形,填充浅绿色,如图5-9和图5-10所示。

03 在大矩形右侧绘制4个小矩形,如图5-11所示。使用"选择"工具▸按住Alt键拖曳小矩形进行复制,将光标放在定界框外拖曳,调整角度,如图5-12所示,形成一支手臂的形状。

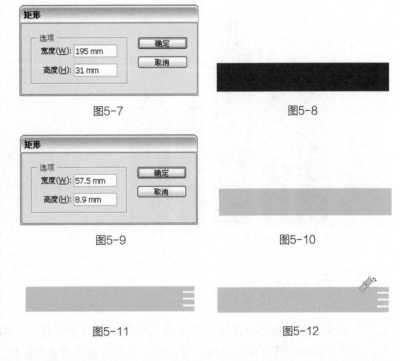

图5-7

图5-8

图5-9

图5-10

图5-11

图5-12

> **➔ 提示**
>
> 要绘制几个相同大小的图形时,可以使用"再次变换"命令。先绘制一个图形,并将图形选中,使用"选择"工具▸按住Alt键拖曳图形,在拖动过程中按下Shift键可保持水平、垂直或45°方向,复制出第2个图形后,接着按快捷键Ctrl+D执行"再次变换"命令,每按一次便产生一个新的图形。如果复制出第2个图形后在画面空白处单击,取消了图形的选中状态,即当前没有被选中的对象,那么将不能执行"再次变换"命令。

04 选取组成手臂的6个图形,按快捷键Ctrl+G编组,将编组后的图形复制出3个,再以不同的颜色进行填充,如图5-13所示。制作出一行手臂图形后,将其选中再次编组。

05 选择编组后的手臂图形,双击"镜像"工具,打开"镜像"对话框,选中"垂直"选项,单击"复制"按钮,镜像并复制出一组新的图形,如图5-14和图5-15所示。

图5-13

图5-14

图5-15

06 将手臂图形向下拖曳，调整填充颜色，如图5-16所示。选择第1组手臂图形，按住Alt键向下拖曳进行复制，调整颜色，使其成为第3行手臂，如图5-17所示。

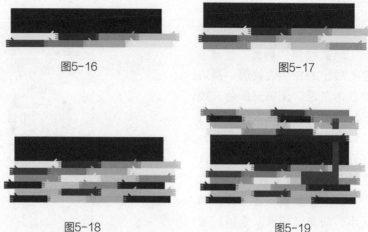

图5-16　　　　　　　　图5-17

07 用同样方法复制手臂图形，调整颜色，排列成如图5-18和图5-19所示的效果。

图5-18　　　　　　　　图5-19

08 使用"文字"工具**T**在画面中单击输入文字，在控制面板中设置字体及大小，如图5-20所示。再输入"饮料净含量"文字，如图5-21所示，在图案右侧输入饮料的其他文字信息，如图5-22所示。

图5-20

图5-21

图5-22

> **提示**
>
> 文字输入完成后，可按快捷键Ctrl+Shift+O将文字创建为轮廓。

09 按快捷键Ctrl+A全选，按快捷键Ctrl+Shift+F11打开"符号"面板，单击面板底部的按钮打开"符号选项"对话框，使用系统默认的参数设置，如图5-23所示，单击"确定"按钮，将图案创建为一个符号，如图5-24所示。

图5-23

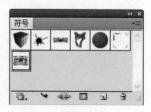

图5-24

5.2.2　制作可乐瓶

01 使用"钢笔"工具 ✎ 绘制瓶子的左半边轮廓，描边颜色为白色，无填充颜色，如图5-25所示为路径效果。执行"效果">3D>"绕转"命令，打开"3D绕转选项"对话框，在偏移自选项中设置为"右边"，其他参数设置如图5-26所示，勾选"预览"选项，可以在画面中看到瓶子效果，如图5-27所示。

图5-25　　　　　图5-26　　　　　图5-27

02 不要关闭对话框，单击"贴图"按钮，打开"贴图"对话框，单击"下一个表现"按钮 ▶，切换到7/9表面，如图5-28所示，在画面中，瓶子与之对应的表面会显示为红色的线框，如图5-29所示。

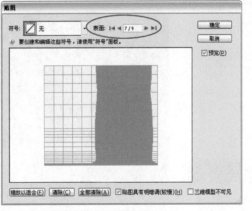

图5-28　　　　　　　　　图5-29

03 在"符号"下拉列表中选择"新建符号"选项，如图5-30所示，观察瓶子的效果，图案已经贴于瓶子表面，如图5-31所示。

图5-30　　　　　　　　　图5-31

04 拖曳符号的定界框，将符号适当调大，再将光标放在符号上向右侧轻移，同时观察画面中的瓶子贴图效果，如图5-32和图5-33所示。单击"确定"按钮完成3D效果的制作。

图5-32

图5-33

05 使用"选择"工具，选取瓶子，按住Alt键向右拖曳进行复制，如图5-34所示。按快捷键Shift+F6打开"外观"面板，双击"3D绕转（映射）"属性，如图5-35所示，打开"3D绕转选项"对话框，调整X轴、Y轴和Z轴的数值，如图5-36所示。将瓶子转到另一面，显示出背面的图案，如图5-37所示。

图5-34

图5-35

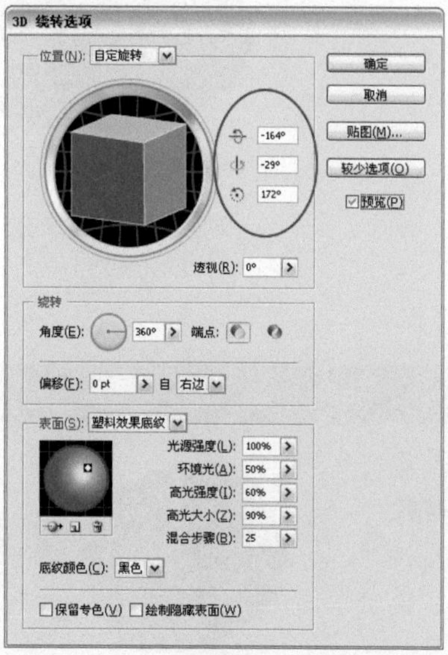

图5-36

图5-37

01 使用"钢笔"工具 ✎ 绘制一个开放式路径，将描边设置为红色，如图5-38所示。按快捷键Ctrl+Shift+ Alt+ E打开"3D绕转选项"对话框并设置参数，如图5-39和图5-40所示。

图5-38

图5-40

图5-39

02 复制瓶盖，将描边颜色设置为黄色，按快捷键Ctrl+[后移一层，如图5-41所示。单击"外观"面板中的"3D绕转（映射）"属性，打开"3D绕转选项"对话框，调整X轴、Y轴和Z轴的数值，如图5-42所示。以不同的角度来展示瓶盖，如图5-43所示。

图5-41

图5-43

图5-42

➡ **调整3D模型的外观**

在为图形设置3D效果后，依然可以通过编辑路径来改变外形。如使用"直接选择"工具 ▷ 拖曳锚点，使路径产生不同的凹凸效果，瓶盖显示出不同的外观。

突破平面 Illustrator CS5设计与制作深度剖析
Ai

01 绘制一个圆形，填充径向渐变，如图5-44和图5-45所示。将圆形移动到瓶子底部，按快捷键Ctrl+Shift+[移至底层，将光标放在定界框的上边，拖曳鼠标将圆形压扁，如图5-46所示。

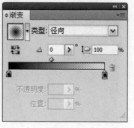

图5-44

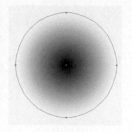

图5-45

图5-46

02 按快捷键Ctrl+C复制椭圆形，按快捷键Ctrl+F粘贴到前面，将椭圆形缩小，在"渐变"面板中将左侧的滑块向中间拖曳，增加渐变中黑色的范围，如图5-47和图5-48所示。

03 选取这两个投影图形，按快捷键Ctrl+G编组，分别复制到另外的瓶子和瓶盖底部，瓶盖底部的投影图形要缩小一些，如图5-49所示。

图5-47

图5-48

图5-49

04 在画面右下角制作一个手臂图形，在上面输入可乐名称，网址及广告语，网址文字为白色，在"字符"面板设置字体及大小，如图5-50和图5-51所示。

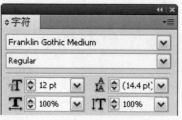

图5-50

图5-51

05 完成后的效果如图
5-52所示。

图5-52

5.3 光盘包装设计

- 学习技巧：使用封套扭曲命令制作特效字。从模版新建光盘文档，并编辑画布。
- 学习时间：80分钟
- 技术难度：★★★★
- 实用指数：★★★★

制作飘浮文字   实例效果

5.3.1 制作向上飘浮的文字

01 打开一个文件（光盘>素材>5.3），如图5-53所示。

02 使用"选择"工具 ▶ 选中文字，双击"渐变"工具 ▣，打开"渐变"面板调整渐变颜色，不必在文字上拖曳进行填充，只要当前为填充编辑状态，文字会自动填充渐变，这种渐变效果是以单个字母为单位，而不是将文字整体作为一个图形进行填充，如图5-54和图5-55所示。

图5-53

图5-54

图5-55

03 在控制面板中设置描边粗细为8pt，如图5-56所示。按快捷键Shift+F6调出"外观"面板，由于文字已经编组，在"外观"面板填充与描边包含在"内容"属性中，如图5-57所示。

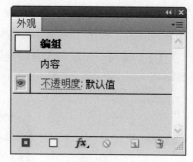

图5-56

图5-57

04 双击"内容"属性，显示"填色"与"描边"属性，将"描边"属性拖曳到"填色"属性下方，使描边不遮盖文字主体，如图5-58和图5-59所示。

图5-58

图5-59

05 执行"对象">"封套扭曲">"用变形建立"，在样式下拉列表中选择"上升"，设置弯曲参数为35%，如图5-60和图5-61所示。

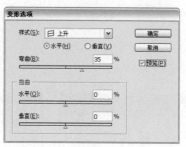

图5-60

图5-61

5.3.2 制作装饰效果的背景

01 单击 ⬜ 按钮新建"图层2"，将其拖曳到"图层1"的下方，然后锁定"图层1"，如图5-62所示。

图5-62

02 使用"椭圆"工具 ◯ 按住Shift键绘制一个圆形，在"渐变"面板中调整颜色，如图5-63和图5-64所示。使用"选择"工具 ▸ 按住Alt键拖曳圆形进行复制，如图5-65所示。

03 使用"铅笔"工具 ✐ 绘制一个比较随意的图形，呈现出向下流淌的效果，如图5-66所示。

图5-63

图5-64

图5-65

图5-66

04 选择"椭圆"工具 ◯，在画面中单击显示"椭圆"对话框，设置宽度与高度的参数，创建一个椭圆形，如图5-67和图5-68所示。在"外观"面板中显示了图形的"描边"与"填色"属性，如图5-69所示。

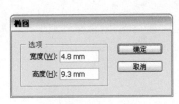

图5-67

图5-68

图5-69

05 选择"描边"属性，单击面板底部的 ▣ 按钮复制该属性，如图5-70所示，将复制后的描边属性拖曳到"填色"属性下方，设置粗细为2.7pt，如图5-71所示，效果如图5-72所示。

图5-70

图5-71

图5-72

06 单击最上面的"描边"属性，将其选中，单击 ▣ 按钮打开色板，选择白色，如图5-73所示。选择"填色"属性，将填充颜色设置为黑色，如图5-74和图5-75所示。

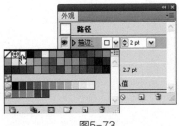

图5-73

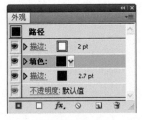

图5-74

图5-75

07 选择旋转工具 ，
按住Alt键在椭圆形的底边外
侧单击，如图5-76所示，打开
"旋转"对话框，设置角度为
30°，单击"复制"按钮，旋
转并复制出一个新的图形，如
图5-77和图5-78所示。

图5-76　　　　　　图5-77　　　　　　　　图5-78

08 连续按快捷键Ctrl+D
再次变换，直到图形组成一个
花朵形状，如图5-79所示。将
组成花朵的图形选中，按快捷
键Ctrl+G编组。使用"选择"
工具 选取花朵，移动到文字
上，按住Alt键拖曳花朵进行复
制，调整大小，装饰在文字周
围，如图5-80所示。

图5-79　　　　　　　　　图5-80

09 使用"椭圆"工具
绘制如图5-81所示的图形，将
图形编组，放置在文字上方作
为装饰，如图5-82所示。

图5-81　　　　　　　　　图5-82

10 选择"矩形"工具 ，在画面中单击打开"矩形"对话框，设置宽度和高度参数，如图
5-83所示，创建矩形。将描边设置为灰色，粗细为0.2pt，如图5-84所示。

11 执行"效果">"风格化">"内发光"命令，在打开的对话框中将发光颜色设置为灰色，
其他参数如图5-85所示，效果如图5-86所示。

图5-83

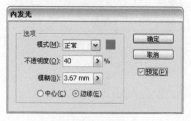

图5-85

图5-84

图5-86

12 执行"窗口">"符号库">"复古"命令，打开"复古"面板，分别选中"蝴蝶"和"旭日东升"符号，如图5-87所示，拖曳到画面中，绘制圆形作为背景衬托，如图5-88所示。

13 将制作的图标装饰在画面左下角，输入文字，完成后的效果如图5-89所示。

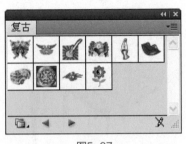

图5-87   图5-88   图5-89

5.3.3 制作光盘

01 执行"文件">"从模板新建"命令，在打开的对话框中选择"日式模板">"市场营销"选项，再选择如图5-90所示的模板文件，单击"新建"按钮，从模板新建一个文件，该文件包括3个画板，如图5-91所示。

图5-90   图5-91

02 将"图层"面板中位于上方的3个图层选中，拖曳到 按钮上删除，只保留图层中的参考线，重新命名为"图层1"，如图5-92所示。图层名称为斜体，是因为在"图层选项"中取消了"打印"的勾选。要打开"图层选项"对话框，可以双击该图层。

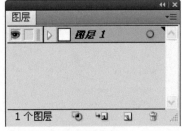

图5-92

03 执行"文件">"文档设置"命令，打开"文档设置"对话框，单击"编辑画板"按钮，如图5-93所示，在画板边缘显示定界框，如图5-94所示。将光标放在定界框内，显示为✛状，如图5-95所示，拖曳鼠标可移动画板位置，放在定界框上拖曳可调整画板大小。单击右上角的⊠图标，可删除画板，如图5-96所示。

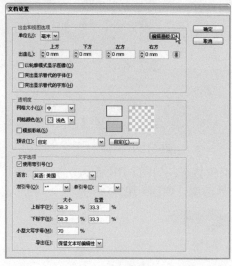

图5-93

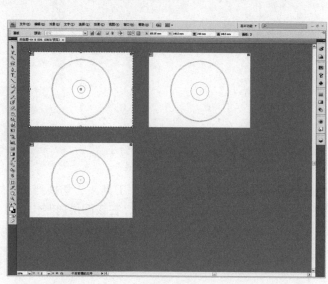

图5-94

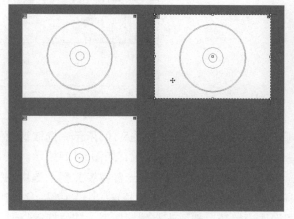

图5-95

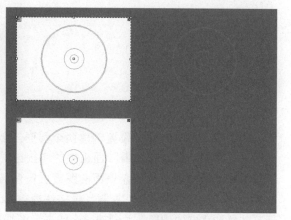

图5-96

04 将位于下方的画板也删除，使文档中只保留一个画板，如图5-97所示。

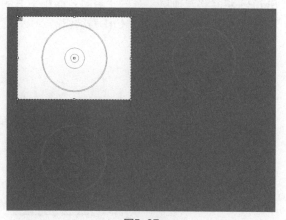

图5-97

05 单击 按钮展开"图层"面板，按住Shift键选中如图5-98所示的参考线图层，拖至面板底部的 按钮上删除，如图5-99所示。清除画板以外的参考线，如图5-100所示。

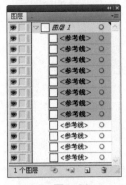
图5-98

图5-99

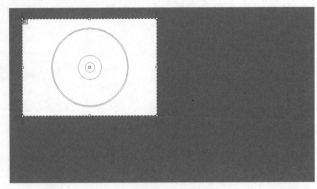
图5-100

06 单击工具箱中的"选择"工具 ，切换到正常的编辑状态，如图5-101所示。将"图层1"锁定，单击 按钮新建"图层2"，在该图层内制作光盘上的图案，如图5-102所示。

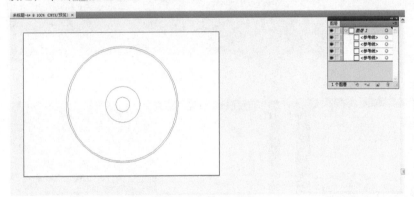
图5-101

图5-102

07 先根据参考线的位置创建两个圆形，小圆形位于大圆形上面，如图5-103所示，选取这两个圆形，单击"路径查找器"面板中的 按钮，从大圆形中减去小圆形区域，如图5-104所示。该图形将作为蒙版图形对光盘表面的图案进行遮盖。按快捷键Ctrl+F6切换到光盘包装文档，选中图案和文字，按快捷键Ctrl+C复制，再按快捷键Ctrl+F6切换到光盘文档，按快捷键Ctrl+V粘贴，适当调整花纹和文字的位置，并创建一个浅灰色渐变图形作为背景。选取光盘蒙版图形，按快捷键Ctrl+Shift+] 将其移至顶层，单击"图层"面板下方的 按钮创建剪切蒙版，效果如图5-105所示。按快捷键Ctrl+A全选，按快捷键Ctrl+G编组。

图5-103

图5-104

图5-105

08 使用"编组选择"工具 选取光盘蒙版图形，按快捷键Ctrl+C复制，在画面空白处单击取消选中，按快捷键Ctrl+B粘贴至底层，填充黑色，向右下方移动作为光盘的投影，如图5-106所示。执行"效果" > "风格化" > "羽化"命令，设置羽化半径为10mm，如图5-107所示。在"透明度"面板中调整不透明度参数为50%，如图5-108和图5-109所示。

图5-106

图5-107

图5-108

图5-109

09 用同样方法制作包装的投影，完成后的效果如图5-110所示。

图5-110

5.4 制作包装盒展开图

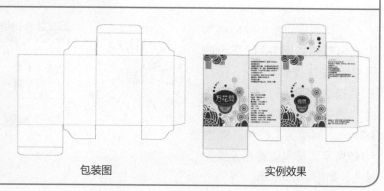

- 学习技巧：制作包装盒图案及文字。
- 学习时间：60分钟
- 技术难度：★★★
- 实用指数：★★★★

包装图

实例效果

5.4.1 制作图案

01 打开一个文件（光盘>素材>5.4），如图5-111所示。按F7键调出"图层"面板，包装盒的结构图处于锁定状态，如图5-112所示。

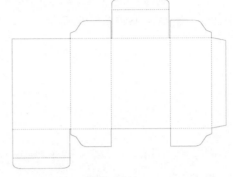

图5-111　　　　　　　图5-112

02 单击 按钮新建一个图层，拖曳到"结构图"下方，如图5-113所示。使用"矩形"工具 根据结构图创建包装表面的灰色图形，如图5-114所示。

图5-113

图5-114

03 锁定"图层2"，创建"图层3"，如图5-115所示。先来制作包装盒的正面图案。创建一个矩形，与包装盒正面相同大小，如图5-116所示，单击 按钮建立剪切蒙版，如图5-117所示。

图5-115　　　　　　图5-116　　　　　　图5-117

04 使用"极坐标网格"工具 创建如图5-118所示的网格，按快捷键Ctrl+F10打开"描边"面板，勾选"虚线"选项，设置虚线参数为3.78pt，间隙为2.83pt，如图5-119所示。将描边颜色设置为绿色，如图5-120所示。

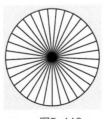

图5-118　　　　　　图5-119　　　　　　图5-120

05 选取网格图形，单击右键，执行"变换">"缩放"命令，打开"比例缩放"对话框，取消"比例缩放描边和效果"的勾选，设置等比缩放为33%，单击"复制"按钮，缩放并复制一个网格图形，如图5-121和图5-122所示。

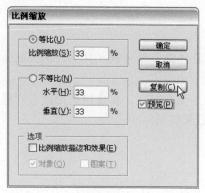

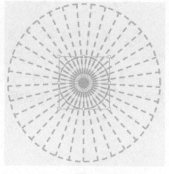

图5-121

图5-122

06 使用"选择"工具 将小的网格图形移到右侧，设置描边颜色为深蓝色，如图5-123所示。使用"直线"工具 按住Shift键创建垂线，如图5-124所示。

07 制作若干网格图形，效果如图5-125所示。

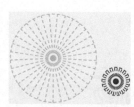

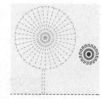

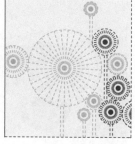

图5-123

图5-124

图5-125

08 使用"椭圆"工具 在画面下方创建一个椭圆形，设置描边粗细为2pt，如图5-126所示，继续添加椭圆形，形成一种层次感，如图5-127所示。

09 再绘制一些填充不同颜色的椭圆形，如图5-128和图5-129所示。

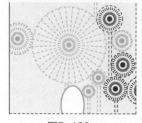

图5-126

图5-127

图5-128

图5-129

10 在画面左下角绘制红色的圆形，如图5-130所示。创建一个圆形，设置描边粗细为7pt，如图5-131所示。

11 再绘制一个椭圆形，填充线性渐变，如图5-132所示，按快捷键Ctrl+C复制圆形，按快捷键Ctrl+F粘贴到前面，将填充设置为无，在控制面板中设置描边颜色为白色，打开"描边"面板，勾选"虚线"选项，效果如图5-133所示。

图5-130

图5-131

图5-132

图5-133

5.4.2 制作文字

01 选择"文字"工具T在画面中单击输入文字，在控制面板中设置字体及大小，如图5-134所示。

02 在左上角绘制一些椭圆形和矩形，重叠排列形成层次感，如图5-135所示，再绘制一些填充不同颜色的圆形作为点缀，效果如图5-136所示。

图5-134　　　　　　图5-135　　　　　　图5-136

03 将"图层3"拖曳到"图层"面板下方的 🔲 按钮上复制，在图层后面单击，选中图层中的所有内容，如图5-137和图5-138所示。

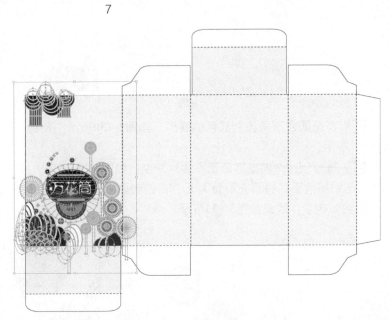

图5-137　　　　　　　　　　图5-138

04 按住Shift键拖曳图形到包装盒背面，进行复制，效果如图5-139所示。

05 对文字及装饰的图形进行修改，效果如图5-140所示。

图5-139

图5-140

06 新建"图层5"，如图5-141所示，使用"横排文字"工具 T 在包装盒的侧面输入产品规格、特点等文字说明，如图5-142所示。

图5-141

图5-142

07 将包装盒正面的花纹图案复制到盒盖上，效果如图5-143所示，包装盒展开图的整体效果如图5-144所示。

图5-143

图5-144

08 创建一个与包装盒相同长度和宽度的矩形，将每个面的图案单独创建为符号，通过"3D凸出和斜角"命令制作包装盒的立体图，并将创建的符号作为贴图，效果如图5-145所示。

图5-145

第6章

Ai
Illustrator

插画设计实战技巧

插画以其直观的形象性、真实的生活感和艺术感染力，在现代设计中占有特殊的地位，广泛地运用于平面广告、海报、封面等设计的内容中。插画的风格丰富多彩，表现形式多样。

● 装饰风格：装饰风格的插画往往注重形式美感的设计，设计者所要传达的含义都是较为隐性的，在这类插画中多采用装饰性的纹样，构图精致、色彩协调，如图6-1所示。

● 动漫风格：在插画中使用动画、漫画和卡通形象可以增加插画的趣味性，而采用较为流行的表现手法更能够使插画的形式新颖、时尚，如图6-2所示。

图6-1

图6-2

● Mix & match风格：Mix意为混合、掺杂，match意为调和、匹配，从字面不难理解，Mix & match风格的插画能够融合许多独立的，甚至互相冲突的艺术表现方式，使之呈现协调的整体风格，如图6-3所示。

● 线描风格：线描风格的插画利用线条和平涂的色彩作为表现形式，具有单纯和简洁的特点，如图6-4所示。

图6-3

图6-4

● 矢量风格：矢量风格的插画能够充分体现图形的美感，如图6-5所示。

● 涂鸦风格：涂鸦（Graffiti）形成于上个世纪70年代初的纽约，它是一种结合了Hip Hop文化的涂写艺术，具有强烈的反叛色彩和随意的风格。涂鸦风格的插画具有粗犷的美感，自由、随意且充满个性，如图6-6所示。

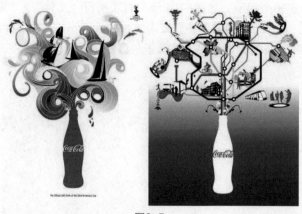

图6-5 图6-6

6.2 另类潮流人物插画

✎ 学习技巧：将背景与人物
图像分别导入文档中，根
据人物的姿态设计制作场
景及相应物品。

✎ 学习时间：90分钟

✎ 技术难度：★★★

✎ 实用指数：★★★★

导入背景及人物素材　　　　实例效果

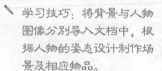
6.2.1　为人物制作投影效果

01 按快捷键Ctrl+N打开
"新建文档"对话框，在"新
建文档配置文件"下拉列表选
择"打印"选项，在"大小"
下拉列表选择A4选项，新建
一个A4大小、CMYK模式的文
档。执行"文件"＞"置入"命
令，置入一个文件（光盘＞素材
＞6.2a），如图6-7和图6-8所示。

图6-7 图6-8

02 单击"图层"面板底部的 ▣ 按钮，新建一个图层，如图6-9所示。再次执行"文件">"置入"命令，置入一个文件（光盘>素材>6.2b），这是一个PSD文件，置入时系统会弹出"Photoshop导入选项"对话框，如图6-10所示，单击"确定"按钮，将已经去除背景的人物图像导入画面中，如图6-11所示。

图6-9

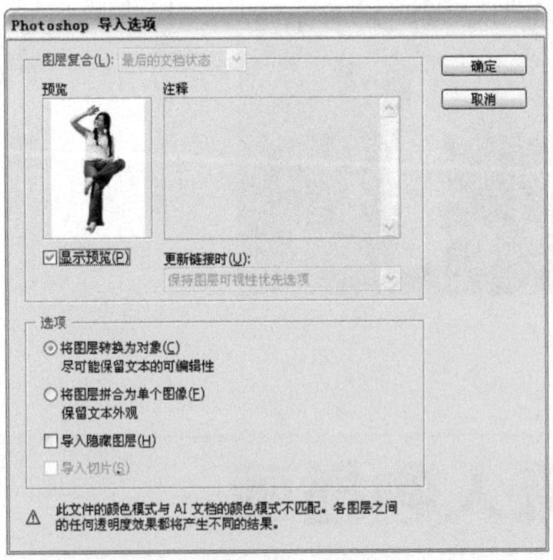

图6-10

图6-11

03 使用"铅笔"工具 ✏ 绘制人物的投影图形，位置在人物的右侧稍向下，并且要大于人物的轮廓，如图6-12所示。将图形填充黑色，按快捷键Ctrl+[移到人物后面，如图6-13所示。

图6-12

图6-13

04 执行"效果">"风格化">"羽化"命令，设置羽化半径为6mm，如图6-14所示。在"透明度"面板中设置混合模式为"正片叠底"，如图6-15和图6-16所示。

图6-14

图6-15

图6-16

05 再绘制一个稍大一点的图形，设置同样的羽化效果和混合模式，将不透明度设置为55%，使影子变浅，如图6-17所示。锁定该图层，单击"图层1"，如图6-18所示，将在该图层中制作丰富有趣的背景效果。

图6-17

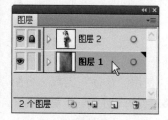

图6-18

6.2.2 制作秋千

01 使用"钢笔"工具 绘制椅子上的木板，设置描边宽度为2pt，如图6-19和图6-20所示。

图6-19

图6-20

02 绘制一个呈螺旋扭曲的图形，如图6-21所示，选择"镜像"工具 ，按住Alt键在椅子的中间位置单击，弹出"镜像"对话框，选择"垂直"选项，单击"复制"按钮，如图6-22所示，镜像并复制图形，如图6-23所示。

03 绘制椅子背和椅子腿，如图6-24所示。

图6-21

图6-22

图6-23

图6-24

绘制完椅子后，可以按快捷键Ctrl+A全选，按下Shift键单击背景的素材图像，将其排除在选区外，这样即可将椅子图形全部选中了，按快捷键Ctrl+G编组。在图形较多的文件中，适当为图形划分编组，可以为编辑图形带来方便。

04 锁定"椅子"和"背景"图层，如图6-25所示。使用"钢笔"工具 ✒ 绘制如图6-26所示的图形，描边粗细为1pt。使用"移动"工具 ▶ 将图形移动到椅子左侧，下面就要开始复制了，按住Shift+Alt键向上拖曳该图形，可以复制生成一个同样的图形，如图6-27所示。

图6-25　　　　　图6-26　　　　　图6-27

05 不要取消选中状态，按快捷键Ctrl+D执行"再次变换"命令，不断复制生成新的图形，最后形成一条长长的绳子，如图6-28所示，对于画面外的部分会在以后的操作中用蒙版来遮罩。使用"圆角矩形"工具 ▣ 在绳子与椅子的衔接处绘制一个图形，如图6-29所示。使用"选择"工具 ▶ 拖出一个矩形选框，将绳子图形全部选中，按快捷键Ctrl+G编组，然后复制到画面右侧，如图6-30所示。

图6-28　　　　　　　　图6-29　　　　　　　　图6-30

06 使用"椭圆"工具 ◯ 按住Shift键绘制一个正圆形，描边粗细为1pt，如图6-31所示。使用"螺旋线"工具 ◎ 在正圆形内部绘制，设置描边粗细为2pt，如图6-32所示。继续绘制圆形和螺旋线，组合成云朵的形状，如图6-33所示。将云朵图形选中并编组，移动到人物脚下，如图6-34所示。

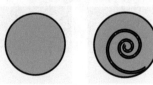

图6-31　　　　图6-32

图6-33　　　　　　　　　　　　图6-34

突破平面Illustrator CS5设计与制作深度剖析

6.2.3　绘制太阳

01 使用"钢笔"工具
✍绘制云彩图形，如图6-35
所示，执行"窗口">"画笔
库">"艺术效果">"艺术效
果_粉笔炭笔铅笔"命令，加
载该画笔库，选择"炭笔-铅
笔"样本，如图6-36所示，将
图形的填充颜色设置为灰色，
在控制面板中设置描边粗细为
0.25pt，如图6-37所示。

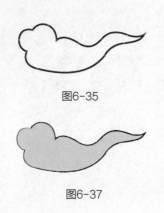

图6-35

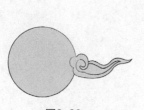

图6-37

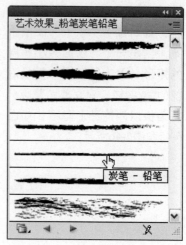

图6-36

02 在云彩图形里面绘制一个小的图形，使云彩看起来更具装饰性。在图形左侧绘制一个圆形，如图6-38所示。使用"选择"工具▶选取云彩图形，注意不要选中圆形，按快捷键Ctrl+G编组。选择"旋转"工具⟳，按住Alt键在圆心上单击，弹出"旋转"对话框，设置角度为30°，单击"复制"按钮，如图6-39所示，旋转并复制一个图形，如图6-40所示。

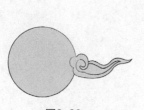

图6-38

图6-39

图6-40

03 不要取消图形的选中状态。按快捷键Ctrl+D执行"再次变换"命令，复制生成更多的图形，直到云彩图形排满太阳四周，如图6-41所示。复制一个云彩图形，将图形适当放大，调整角度，如图6-42所示；使用"旋转"工具⟳，用与上面相同的方法对图形进行旋转和复制，生成一圈新的云彩图形，如图6-43所示。继续制作出更多的云彩，形成一个古典风格、颇具气势的太阳图案，如图6-44所示。

图6-41

图6-42

图6-43

图6-44

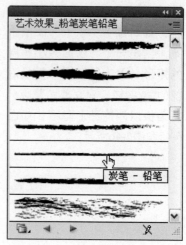

突破平面 Illustrator CS5设计与制作深度剖析

04 将太阳图案全部选取后编组，拖动到画面左上角，按快捷键Ctrl+[向下移动位置，直到位于"秋千"图层下方。创建一个与画面大小相同的矩形，单击"图层"面板底部的 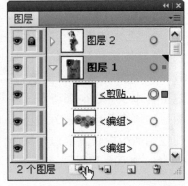 按钮，建立剪切蒙版，将画板以外的图形隐藏，如图6-45和图6-46所示。

图6-45

图6-46

05 执行"窗口">"符号库">"点状图案矢量包"命令，加载该符号库，选中如图6-47所示的符号，并拖入画面中，按快捷键Ctrl+ Shift+ [移至底层，再按快捷键Ctrl+] 向上移动一层，使它正好位于背景素材上方，在"透明度"面板中设置混合模式为"正片叠底"，不透明度为40%，如图6-48和图6-49所示。

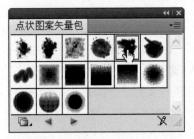

图6-47

图6-48

图6-49

6.2.4 绘制天空及地面

01 使用"铅笔"工具 ✐ 绘制两条飘带，填充灰色，描边颜色为黑色，设置不透明度为40%，如图6-50所示。

图6-50

02 在画面下方绘制一些石头，由远至近、由小到大铺满地面，以不同的灰色填充，如图6-51~图6-53所示。

图6-51

图6-52

图6-53

03 绘制一个与背景宽度相同的矩形，填充透明-黑色渐变，如图6-54所示，设置该图形的混合模式为"正片叠底"，不透明度为50%，使地面由近到远呈现深浅变化，如图6-55所示。

图6-54

图6-55

04 打开一个文件（光盘>素材>6.2c），如图6-56所示。将素材全选，按快捷键Ctrl+C复制，按快捷键Ctrl+F6切换到人物文档中，单击"图层"面板底部的 按钮，新建一个图层，将该图层拖至"图层"面板的顶层，按快捷键Ctrl+V将素材图形粘贴到文档中，如图6-57所示。

图6-56

图6-57

6.3 装饰风格插画

✎ 学习技巧：通过绘制与
变换图形、制作装饰风
格的插画。

✎ 学习时间：4小时

✎ 技术难度：★★★★

✎ 实用指数：★★★★

绘制头像

绘制头盔

实例效果

6.3.1 制作戴头盔的人物

01 按快捷键Ctrl+N打开"新建文档"对话框，在"大小"下拉列表选择A4选项，新建一个A4大小、CMYK模式的文档。使用"钢笔"工具✒绘制人物轮廓，填充黑色，如图6-58所示。再分别绘制眼眉、眼睛和睫毛，填充灰色，如图6-59所示。按快捷键Ctrl+A全选，按快捷键Ctrl+G编组。

02 打开一个图形素材（光盘>素材>6.3），如图6-60所示，将它拖曳到人物文档中，缩小高度，使图形呈现扁长的形状。使用"钢笔"工具✒绘制两个图形，分别填充渐变颜色与黑色，按快捷键Ctrl+[将它们移动到按钮图形后面，效果如图6-61所示。

图6-58

图6-59

图6-60

图6-61

03 将该图形选中，按快捷键Ctrl+G编组，按住Alt+Ctrl键拖曳图形进行复制，将复制后的图形移动到人物眼睛处。选择"旋转"工具↻，按住Alt键在头部中间位置单击，如图6-62所示（白色十字光标即为单击点），单击的同时会打开"旋转"对话框，设置角度为-5°，单击"复制"按钮，旋转并复制一个图形，如图6-63、图6-64所示。

图6-62

旋转

角度(A): -5 °

选项
☑ 对象(O) ☑ 图案(T)
☑ 预览(P)

确定
取消
复制(C)

图6-63

图6-64

04 连续按快捷键Ctrl+D重复前面的操作，得到如图6-65所示的图形。按快捷键Ctrl+A全选，使用"选择"工具 ▶ 按住Shift键在人物上面单击，从选中对象中减去人物部分，剩下的是头饰部分，按快捷键Ctrl+G编组。按住Alt键拖动头饰图形进行复制，再将图形旋转，如图6-66所示。继续复制和调整图形，得到如图6-67所示的效果。

图6-65　　　　　　　　　　　　图6-66　　　　　　　　　　　　图6-67

05 使用"椭圆"工具 ◯ 按住Shift键创建3个大小不同的圆形，选取这3个圆形，单击控制面板中的"水平居中对齐"按钮 🔲 和"垂直居中对齐"按钮 🔲，将圆形居中对齐，分别填充不同的渐变颜色，如图6-68所示。将这3个圆形编组，按快捷键Ctrl+C复制，按快捷键Ctrl+F粘贴到前面，将其成比例缩小，再调整角度与填充的颜色，效果如图6-69所示。

06 选取第3步操作中制作的图形，按住Ctrl+Alt键拖曳进行复制。双击"旋转"工具 ↻，在打开的对话框中设置角度为72°，单击"复制"按钮，将图形旋转并复制，如图6-70和图6-71所示。

图6-68　　　　　　　图6-69　　　　　　　　　图6-70　　　　　　　　　图6-71

07 按快捷键Ctrl+D重复执行上面的操作，制作出一个星形图案，如图6-72所示。在图形上面制作圆形的装饰，如图6-73所示。

08 将图形编组，移动到人物的头部，再将最初制作的图形移动到颈部作为装饰，效果如图6-74所示。

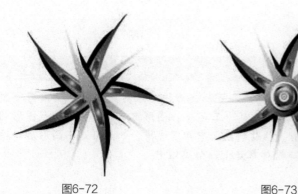

图6-72　　　　　　　　　　　　图6-73　　　　　　　　　　　　图6-74

6.3.2 制作机械臂

01 按住Ctrl+Alt键单击"创建新图层"按钮，在当前图层下方新建一个图层。使用"圆角矩形"工具 创建一个圆角矩形，填充线性渐变，设置描边粗细为1pt，颜色为灰色，如图6-75所示。使用"选择"工具 按住Shift+Alt键拖曳图形进行复制，如图6-76所示。连续按快捷键Ctrl+D复制图形，如图6-77所示。

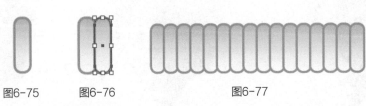

图6-75　　　图6-76　　　　　　　　图6-77

02 在图形右端绘制一个稍大的圆角矩形，如图6-78所示；再通过复制、绘制新图形、重新组合等方法制作出不同形状的机械图形，如图6-79~图6-81所示。

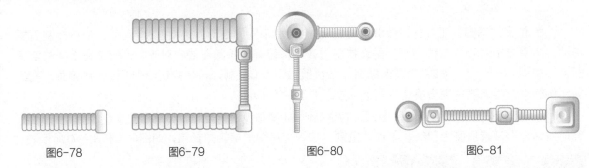

图6-78　　　　　　图6-79　　　　　　图6-80　　　　　　图6-81

03 将这些机械模型分别编组，移动到画面中，如图6-82所示。制作更多的模型，效果如图6-83所示。

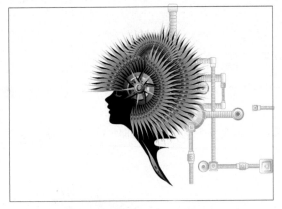
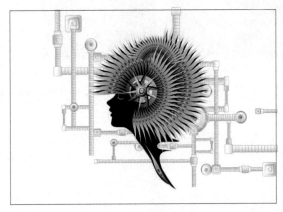

图6-82　　　　　　　　　　　　　　图6-83

➜ **通过编组归纳整理复杂的图形**

在制作复杂图形时，随时将图形对象分类、编组，可以更好地管理对象和重复使用同一图形。在选择编组中的某个对象时，可以使用"编组选择"工具 在图形上双击，它会依照图形的编组顺序逐渐增加选取范围，选中图形后复制、粘贴到画面中即可使用。如果在选中图形后，按住Alt键拖曳对象进行复制，那么复制的对象与原对象处于一个编组中。

6.3.3　添加机械组件和云朵

01 选择"椭圆"工具◯，在画面中单击打开"椭圆"对话框，设置椭圆形的大小，如图6-84所示，单击"确定"按钮创建一个正圆形；填充线性渐变，设置描边粗细为30pt，如图6-85所示。

02 按快捷键Ctrl+C复制图形，按快捷键Ctrl+F粘贴到前面。使用"选择"工具▶按住Shift键拖曳定界框将圆形等比例缩小，将填充颜色设置为无，描边颜色为红色，如图6-86所示。选择"剪刀"工具✂，在路径的不同位置单击将路径剪开，单击点即为路径的分割点，将路径剪为两段，按Delete键将左侧一段路径删除，如图6-87和图6-88所示。

03 使用"圆角矩形"工具▢创建一组圆角矩形，在"渐变"面板中设置渐变颜色，如图6-89和图6-90所示。

04 选取红色描边，按住Alt键拖动进行复制，缩小并调整角度，如图6-91所示。在圆形的灰色轮廓上绘制一些小的圆形，填充线性渐变表现明暗效果，使小圆形有凹下去的感觉，设置描边粗细为2pt，颜色为K=10%，如图6-92所示。绘制其他图形，效果如图6-93所示。

05 将该图形编组，移动到画面中，按快捷键Ctrl+Shift+[移至底层，如图6-94所示。

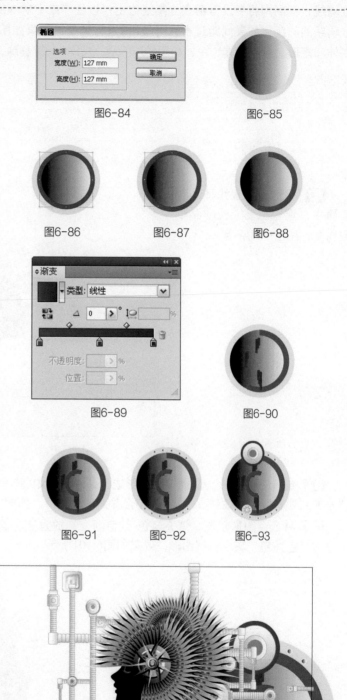

图6-84　　　　图6-85

图6-86　　　图6-87　　　图6-88

图6-89　　　　图6-90

图6-91　　　图6-92　　　图6-93

图6-94

06 选择"矩形网格"工具 ▦，在画面中拖曳创建网格图形，创建过程中按住←键减少垂直分隔线，直到网格中没有垂直分隔线为止；按住↑或↓键增加或减少水平分隔线，按V键调整水平分隔线的间距，如果间距过密，可按F键进行调整，效果如图6-95所示。使用"编组选择"工具 ▷ 在外部矩形上单击将其选中，如图6-96所示，按Delete键删除，如图6-97所示。

图6-95

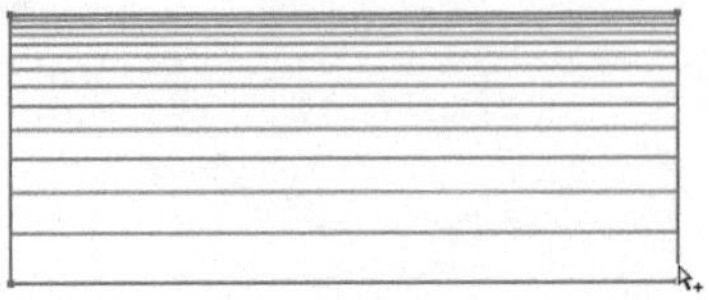

图6-96

图6-97

07 将这一组直线移动到画面中，调整宽度，使画面布局均衡，如图6-98所示。

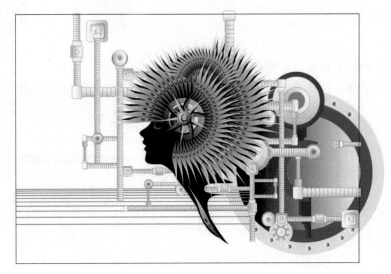

图6-98

08 创建一组圆形，重叠排列，形成云朵形状，如图6-99所示。单击"路径查找器"面板中的"添加到形状区域"按钮 ▢，将圆形合并为一个图形，如图6-100所示。

09 将云朵图形复制，填充灰色-红色渐变，放置在画面不同位置。在画面中加些上面操作中制作的红色按钮、灰色机械图形，效果如图6-101所示。

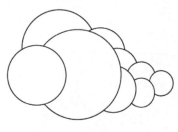

图6-99

图6-100

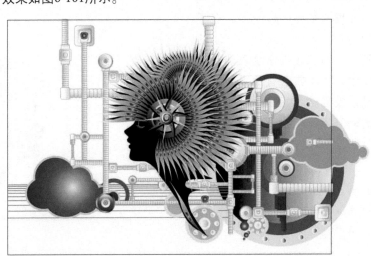

图6-101

10 使用"钢笔"工具 ✎ 绘制如图6-102所示的图形，绘制时按住Shift键可创建水平、垂直或呈45°的直线。在上面创建两个圆形，如图6-103所示。选中这3个图形，单击"路径查找器"面板中的"减去顶层"按钮 ▣，使两个小圆形位置形成挖空区域，如图6-104所示。用同样方法在其下面制作一个如图6-105所示的图形。

11 创建一个圆角矩形，使用"直接选择"工具 ▷ 选中左下角的锚点，按↑键将锚点向上移动，改变圆角矩形的形状，如图6-106所示。要使圆角矩形产生平行四边形一样的倾斜效果，可以使用"倾斜"工具 ⬭ 拖曳圆角矩形，制作出如图6-107所示的图形。将图形左对齐排列，在上面再制作两个填充较浅渐变颜色的图形，如图6-108所示。

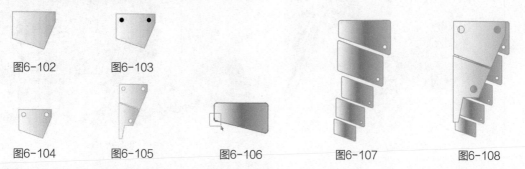

图6-102　　　　　图6-103

图6-104　　　　　图6-105　　　　　图6-106　　　　　图6-107　　　　　图6-108

12 将图形编组后移动到画面中，如图6-109和图6-110所示。

13 继续添加一些云朵、绘制重叠排列的矩形和圆形来丰富画面，如图6-111所示。

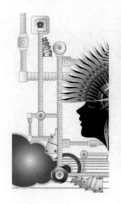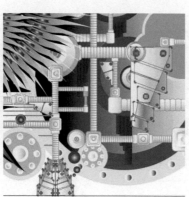

图6-109　　　　　　　　图6-110　　　　　　　　　　　　　　图6-111

6.3.4　制作宝剑

01 下面来绘制一把宝剑。使用"钢笔"工具 ✎ 绘制剑身，由3个图形组成，分别填充不同的渐变颜色，如图6-112所示。剑柄使用了以前制作的图形，中间添加了一个使用"星形"工具 ☆ 创建的图形，如图6-113所示，组成宝剑的效果如图6-114所示。

图6-112　　　　　　　　图6-113　　　　　　　　图6-114

02 将宝剑图形编组，适当旋转放在画面左侧，如图6-115所示。

03 创建一个与画面大小相同的矩形，单击"建立/释放剪切蒙版"按钮 ，将画面以外的图形隐藏。再制作一个填充了灰色渐变的矩形作为背景，按快捷键Ctrl+Shift+[将其移至底层，完成后的效果如图6-116所示。

图6-115　　　　　　　　　　　　　　图6-116

6.4　新锐插画设计

ℹ 学习技巧：将视觉形象秩序化，由重复构成到群化构成，形成繁复且和谐统一的装饰效果。

ℹ 学习时间：3小时

ℹ 技术难度：★ ★ ★ ★ ★

ℹ 实用指数：★ ★ ★ ★ ★

群化构成

实例效果

6.4.1　创建重复构成形式的符号

01 使用"钢笔"工具✒️绘制一个图形。执行"窗口">"色板库">"渐变">"色彩调和"命令，在打开的面板中选择"原色互补1"为它填色，如图6-117、图6-118所示。

02 使用"选择"工具▸按住Shift键向下拖曳图形，在释放鼠标时按下Alt键进行复制，如图6-119所示。按住Shift键单击原图形，将两个图形选中，按快捷键Ctrl+Alt+B建立混合，如图6-120所示。

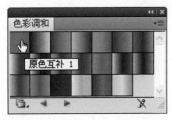

图6-117

图6-118

图6-119

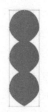

图6-120

03 双击"混合"工具 ，打开"混合选项"对话框，设置指定的步数为20，如图6-121和图6-122所示。

图6-121　　　　　　　　　　　　　　　　图6-122

04 使用"直接选择"工具 在混合图形中间位置单击，显示混合轴路径，如图6-123所示。使用"钢笔"工具 在混合轴路径上单击添加锚点，如图6-124所示。按住Ctrl键切换为"直接选择"工具 拖动锚点，改变混合形状，如图6-125所示。

05 释放Ctrl键，按住Alt键切换为"转换锚点"工具 ，在锚点上拖曳鼠标，拖出两个方向线，使路径变得平滑，如图6-126所示；再按住Ctrl键切换到"直接选择"工具 ，在最上面的图形上单击将其选中，如图6-127所示，向右侧拖曳，如图6-128所示。

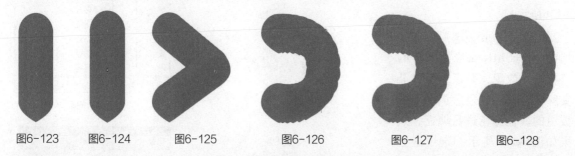

图6-123　　　　　图6-124　　　　　图6-125　　　　　图6-126　　　　　图6-127　　　　　图6-128

 编辑混合对象的混合轴

　　创建混合后，Illustrator会自动生成一条连接混合对象的路径，这条路径就是混合轴，混合对象会沿着该路径排列。默认情况下，混合轴为一条直线，也可以使用其他形状的路径替换混合轴。执行"对象">"混合">"替换混合轴"命令，即可用该路径替换混合轴，混合对象会沿着新的混合轴重新排列。

06 再次双击"混合"工具 ，打开"混合选项"对话框，单击"对齐路径"按钮 ，使混合图形垂直于路径，如图6-129和图6-130所示。

07 使用"直接选择"工具 选中上面的图形，按V键显示定界框，拖曳定界框的一角将图形旋转，如图6-131所示。用同样方法调整下面的图形，如图6-132所示。

图6-129

图6-130　　　　　　图6-131　　　　　　图6-132

08 使用"选择"工具 ▶ 选中混合图形，执行"对象">"混合">"扩展"命令，将混合对象扩展为单独图形，扩展后的图形处于编组状态，按快捷键Ctrl+Shift+G取消编组，在"图层"面板中可以看到每个路径都位于一个子图层中，如图6-133和图6-134所示。

09 选中上面的图形，执行"效果">"风格化">"投影"命令，在打开的对话框中设置参数，如图6-135和图6-136所示。

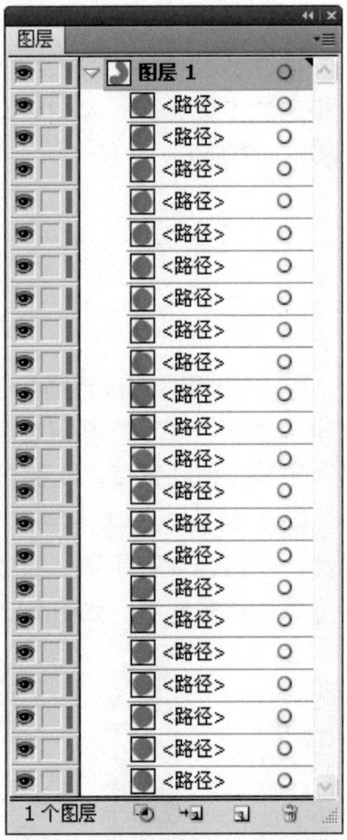

10 选中其他图形，按快捷键Ctrl+Shift+E应用同样的"投影"效果，并逐一修改渐变颜色，使用"色彩调和"面板中的其他颜色进行填充，效果如图6-137所示。选中这些图形，按快捷键Shift+Ctrl+F11打开"符号"面板，单击面板底部的 按钮新建符号，如图6-138所示。画面中的图形对象也同时被转换为符号。

图6-133

图6-135

图6-136

图6-137

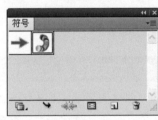

图6-134

图6-138

➡ **提示**

将复杂图形创建为"符号"库中的符号样本，在图中重复使用，可以减小文件的大小。

6.4.2 群化构成

01 使用"矩形"工具 ▢ 创建一个与画板大小相同的矩形，单击"图层"面板底部的 按钮建立剪切蒙版，如图6-139所示。使用"选择"工具 ▶ 选中画面中的符号，拖曳到画板下方并调整角度，如图6-140所示。

图6-139

图6-140

突破平面 Illustrator CS5设计与制作深度剖析

Ai

02 按住Alt键拖曳符号进行复制，并适当缩小，如图6-141所示；继续复制符号，调整大小和角度，使符号布满画面，可以使用"镜像"工具对个别符号进行翻转，如图6-142和图6-143所示。

图6-141

图6-142

图6-143

→ 提示

重复构成是将视觉形象秩序化、整齐化，体现整体的和谐与统一。

03 执行"文件">"置入"命令置入文件（光盘>素材>6.4），如图6-144所示，这是一个PSD格式文件，人物在透明的背景中；单击"置入"按钮，打开"Photoshop 导入选项"对话框，勾选"显示预览"选项可以看到图像效果，如图6-145所示。

图6-144

图6-145

04 单击"确定"按钮置入人物图像，适当调整人物大小以适合画面，如图6-146所示。将符号图形复制并缩小，放置在人物的腿部，按快捷键Ctrl+[移动到人物的后面，如图6-147所示。

图6-146

图6-147

05 将符号复制到画板以外的区域，如图6-148所示，按住Alt键向上拖曳再次复制，如图6-149所示，使用"镜像"工具 拖曳符号，将符号进行垂直翻转，如图6-150所示，再使用"旋转"工具 拖曳鼠标，调整符号的角度，效果如图6-151所示。

图6-148　　　　图6-149　　　　图6-150　　　　图6-151

06 继续排列符号，使符号形成蜿蜒的效果，使用"倾斜"工具 在符号上拖曳鼠标，使符号产生倾斜，将符号选中后按快捷键Ctrl+G编组，如图6-152所示，复制到画面中，效果如图6-153所示。

图6-152　　　　　　　　　图6-153

07 继续添加更多的符号，形成有层次的排列，如图6-154所示。

08 使用"铅笔"工具 根据人物的外形绘制一个图形，作为人物的投影，执行"效果">"风格化">"羽化"命令，设置羽化半径为14mm，如图6-155和图6-156所示。

图6-154　　　　　　　　　图6-155　　　　　　　　　图6-156

09 接下来要将投影图形移动到人物后面，现在画面中的图形很多，如果使用快捷键Ctrl+[向后移动需要按很多次，可以使用另一种快捷的方法，先按快捷键Ctrl+X将投影图形剪切，单击人物图像，将其选中，按快捷键Ctrl+B执行"贴在后面"命令，投影图形就被粘贴在人物后面。单击"图层"面板右上角的 按钮，打开面板菜单，执行"面板选项"命令，打开"图层面板选项"对话框，选中"大"选项，如图6-157所示，增大图层缩览图，便于查看所需图层。单击 按钮展开"图层1"，可以看到投影路径的位置正好在人物图层的下方，如图6-158所示。

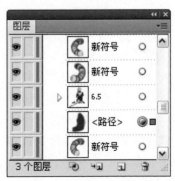

图6-157　　　　　　　　　图6-158

当文档中的子图层数量较多时，选择对象后，想要了解该对象在"图层"面板中所处的位置，需要打开大量的图层和组来查找它，如果想要快速找到该图层，可在选择对象后，执行"图层"面板菜单中的"定位对象"命令，Illustrator就会自动查找该图层，该命令在定位重叠图层中的对象时特别有用。

10 在"透明度"面板中设置投影图形的混合模式为"正片叠底"，如图6-159和图6-160所示。

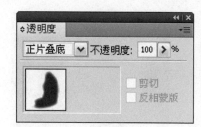

图6-159

图6-160

11 在人物腿部绘制红色的图形，设置羽化半径为3mm，如图6-161所示，红色图形的位置应在人物的上方，不要遮挡腿部的其他图形。用上面学习的方法，先将红色图形剪切，并选取人物，按快捷键Ctrl+F执行"贴在前面"命令，在"图层"面板中可以看到图形的位置，如图6-162所示。

图6-161

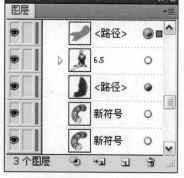

图6-162

12 设置图形的混合模式为"柔光"，不透明度为50%，如图6-163和图6-164所示。

图6-163

图6-164

13 使用"铅笔"工具在脚部绘制投影图形，如图6-165所示。执行"羽化"命令，设置羽化半径为5mm，混合模式为"正片叠底"，效果如图6-166所示，添加投影可以增加画面的空间感与层次感。

图6-165

图6-166

第**6**章　插画设计实战技巧

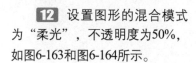

14 在衣服位置绘制投影图形，如图6-167所示，设置同样的羽化参数与混合模式，效果如图6-168所示。

图6-167

图6-168

15 在头部绘制投影图形，该图形较小，如图6-169所示，为它添加"羽化"效果使它变虚，可以将羽化半径设置为4mm，效果如图6-170所示。

图6-169

图6-170

6.4.3 为人物化妆

01 锁定"图层1"，单击 🔲 按钮新建"图层2"，如图6-171所示。

02 使用"钢笔"工具 🖊 绘制眼影和口红图形，如图6-172所示。为它们添加"羽化"效果，设置眼影图形的羽化半径为2mm，口红图形为1mm。在设置羽化效果时，羽化半径参数越大，图形所呈现的颜色越浅，羽化后眼影的效果略浅于口红，如图6-173所示。

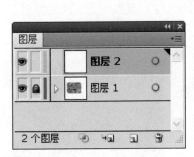
图6-171

图6-172

图6-173

03 绘制黑色的眼线图形，设置混合模式为"变暗"，不透明度为90%，如图6-174和图6-175所示。

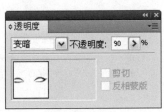
图6-174

图6-175

04 使用"铅笔"工具✏️绘制如图6-176所示的图形，设置混合模式为"柔光"，如图6-177所示，强化一下皮肤的亮度，效果如图6-178所示。完成后的效果如图6-179所示。

图6-176

图6-177

图6-178

图6-179

Ai
Illustrator

第7章

照片级写真效果实战技巧

7.1 渐变网格

7.1.1 创建网格对象

渐变网格是用于制作照片级写真效果的功能，可以通过为网格点着色来对颜色的变化进行精确地控制，比混合、渐变都强大，也更加复杂。要想用好这个功能，首先要精通路径的创建与编辑方法。

要创建渐变网格，可以使用"网格"工具 在图形上单击，如图7-1所示，将它转换为渐变网格对象，单击处会生成网格点和网格线，网格线组成网格片面，如图7-2所示。

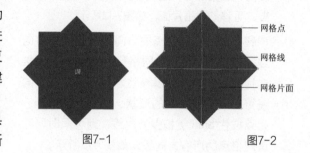

图7-1   图7-2

— 网格点
— 网格线
— 网格片面

如果要自定义网格线的数量，可选择图形，执行"对象">"创建渐变网格"命令，打开"创建渐变网格"对话框进行设置，如图7-3和图7-4所示。如果在"外观"下拉列表中选择"至中心"选项，可在对象中心生成高光变化，如图7-5所示；选择"至边缘"选项，可在对象的边缘生成高光变化，如图7-6所示。

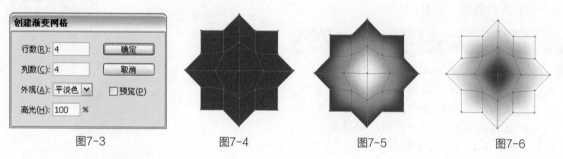

图7-3   图7-4   图7-5   图7-6

7.1.2 编辑网格点

渐变网格对象的网格点与锚点的编辑方法相同，当调整网格点时，可以控制网格中色彩的混合范围。

● 选择网格点：选择"网格"工具 ，将光标放在网格点上（光标变为 状），单击即可选择网格点，被选中的网格点为实心方块，如图7-7所示；使用"直接选择"工具 也可以选择网格点，按住Shift键单击其他网格点，则可以选中多个网格点，如图7-8所示，也可以单击拖曳一个选框来选择网格点，如图7-9所示；使用"套索"工具 在网格对象上绘制选区，可以选择网格点，如图7-10所示。

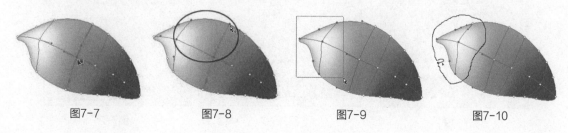

图7-7   图7-8   图7-9   图7-10

- 移动网格点和网格片面：选择网格点后，单击拖曳即可移动网格点，如图7-11所示；如果按住 Shift 拖曳，则可将移动范围限制在网格线上，如图7-12所示。采用这种方法沿一条弯曲的网格线移动网格点时，不会扭曲网格线。使用"直接选择"工具 ▶ 在网格片面上单击拖曳，可移动网格片面，如图7-13所示。

- 调整方向线：网格点的方向线与锚点的方向线完全相同，使用"网格"工具 圖 和"直接选择"工具 ▶ 都可以移动方向线，调整方向线可以改变网格线的形状，如图7-14所示；如果按住 Shift 键拖曳方向线，则可同时移动该网格点的所有方向线，如图7-15所示。

- 添加与删除网格点：使用"网格"工具 圖 在网格线或网格片面上单击，都可以添加网格点，如图7-16所示。如果按住Alt键，光标会变为 状，如图7-17所示，单击网格点可删除网格点，由该点连接的网格线也会同时删除，如图7-18所示。

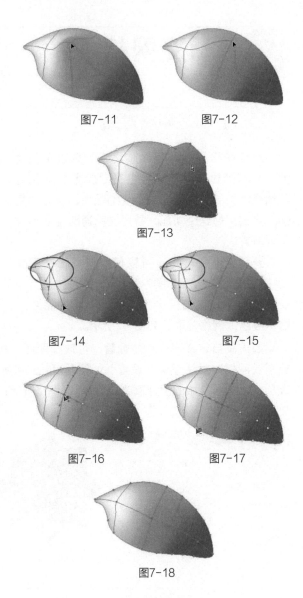

图7-11　　　　图7-12

图7-13

图7-14　　　　图7-15

图7-16　　　　图7-17

图7-18

> **⊃ 提示**
>
> 使用"锚点"工具 ▶ 和"删除锚点"工具 ▶ 可以在网格线上添加或删除锚点，但锚点不能像网格点那样自由地设置颜色，它只能起到编辑网格线形状的作用。锚点的外观为正方形，网格点则为菱形。

7.1.3　编辑网格颜色

在为网格点着色前，先要切换到填充编辑状态（可按X键进行填充与描边的切换）。选择网格点，如图7-19所示，单击"色板"面板中的一个颜色，即可为其着色，如图7-20所示；也可以拖曳"颜色"面板中的滑块来进行着色，如图7-21所示。

图7-19

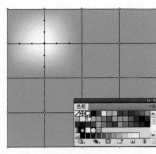
图7-20

图7-21

选择网格对象，如图7-22所示，将"色板"面板中的一种颜色拖曳到网格点上，可修改该点的颜色，如图7-23所示；如果拖到网格片面上，则会修改网格片面的颜色，如图7-24所示。

图7-22

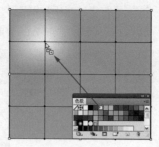

图7-23

图7-24

7.2 绘制写实效果人物

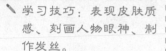

✎ 学习技巧：表现皮肤质感、刻画人物眼神、制作发丝。

✎ 学习时间：5小时

✎ 技术难度：★ ★ ★ ★ ★

✎ 实用指数：★ ★ ★ ★ ★

绘制轮廓

实例效果

7.2.1 绘制面部

01 按快捷键Ctrl+N打开"新建文档"对话框，新建一个230mm×297mm，CMYK模式的文档。

02 执行"文件">"置入"命令，置入一个文件（光盘>素材>7.2），这是笔者绘制的人物画，供读者作为临摹时的参考。将图像置入文档后，放置在画板左侧。使用"铅笔"工具 ✐ 在画板中绘制人物的轮廓，如图7-25所示。双击"图层1"，在弹出的对话框中修改图层名称为"轮廓"。单击"轮廓"图层前面的 ▢ 图标锁定该图层。按Ctrl+Alt键单击 ⬚ 按钮在当前图层下方新建一个图层，命名为"面部"，如图7-26所示。

图7-25

图7-26

185

03 使用"钢笔"工具✎绘制面部图形，它要略大于面部所要显示的范围，在绘制头发时（如刘海部分）即可衬托在头发后面，如图7-27所示。

04 使用"矩形"工具▢创建一个与画布大小相同的矩形，填充黑色，按快捷键Ctrl+[向后移动，按快捷键Ctrl+2锁定矩形，如图7-28和图7-29所示。现在画面中唯一可编辑的就是面部图形。

图7-27

图7-28

图7-29

05 先从人物面部的暗部区域开始绘制。选择"网格"工具▦，在眼窝处单击添加网格点，在"颜色"面板中调整颜色，如图7-30和图7-31所示。

图7-30

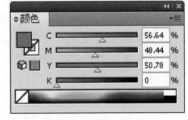

图7-31

➜ 渐变网格填色技巧

选择网格点，并选择"吸管"工具🖋，将光标放在一个单色填充的对象上，单击鼠标即可拾取该对象的颜色，并应用到所选网格点中。为网格点着色后，如果使用"网格"工具▦在网格区域单击，则新生成的网格点将与上一个网格点使用相同的颜色。如果按住 Shift 键单击，则可添加网格点，但不改变其填充颜色。按住Shift键在位图图像上单击，可拾取位图颜色作为填充颜色。

06 在 眼 角 处 添 加 网 格 点，如图7-32和图7-33所示。

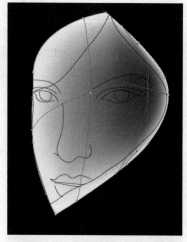

图7-32

图7-33

07 在鼻梁处添加浅色的网格点，大面积的深颜色得到控制，如图7-34和图7-35所示。

图7-34

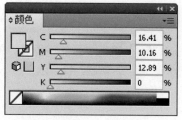

图7-35

08 继续在面部添加浅色网格点，将深色范围限定在眼窝区域，如图7-36所示；在眼睛处添加深棕色网格点，如图7-37和图7-38所示。

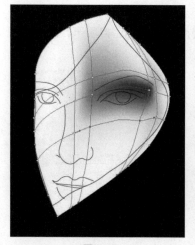

图7-36

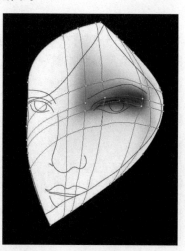

图7-37

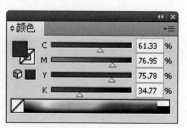

图7-38

09 选择"套索"工具 🔍，在网格边缘拖曳鼠标创建选框，选取边缘的网格点，将填充颜色设置为黑色，如图7-39所示；使用"网格"工具 🔲 继续添加网格点，表现出鼻子的大致结构，如图7-40所示。在这里没有制作特别复杂的网格图形去表现面部，而是要在以后逐步深入刻画时，通过绘制小的图形去表现细节，这样可以降低人物的制作难度。网格制作完毕后，按住Ctrl键在画面空白区域单击取消选中，效果如图7-41所示。

图7-39

图7-40

图7-41

7.2.2 绘制眼睛

01 锁定"面部"图层，单击 🔲 按钮新建一个图层，命名为"眼睛"，如图7-42所示。

图7-42

02 使用"铅笔"工具 ✏️ 绘制眼眉图形，分别填充不同的渐变颜色，如图7-43所示，左侧眼眉的渐变颜色设置如图7-44所示，右侧眼眉的渐变颜色如图7-45所示。

图7-43

图7-44

图7-45

03 选中左侧眼眉，执行"效果">"风格化">"羽化"命令，设置羽化半径为2mm，如图7-46所示。选取右侧眼眉，按快捷键Ctrl+Shift+Alt+E打开"羽化"对话框，设置羽化半径为3mm，效果如图7-47所示。

图7-46

图7-47

→ 提示

如果羽化半径不是以毫米为单位的，可执行"编辑">"首选项">"单位和显示性能"命令，在打开的对话框中将"常规"的单位设置为"毫米"。

04 绘制眼线及眼白图形，分别填充黑色与渐变颜色，如图7-48所示。选中眼白图形，按快捷键Ctrl+Shift+Alt+E打开"羽化"对话框，设置羽化半径为0.5mm，使图形边缘变得柔和，如图7-49所示。

图7-48

图7-49

05 绘制双眼皮图形，调整渐变颜色，如图7-50所示。同样按快捷键Ctrl+ Shift+ Alt+E打开"羽化"对话框，设置羽化半径为1mm，效果如图7-51所示。

图7-50

图7-51

06 绘制眼睫毛形成的投影，设置渐变颜色，使投影图形的末端变浅，按快捷键Ctrl+Shift+E添加羽化效果，如图7-52和图7-53所示。以下图形均设置了羽化效果。

图7-52

图7-53

07 继续绘制眼睛图形，调整渐变颜色，如图7-54和图7-55所示。按快捷键Ctrl+Shift+[将该图形移至底层，如图7-56所示。

图7-54

图7-55

图7-56

08 在双眼皮区域绘制一个图形，填充线性渐变，使眼睛的结构更有层次，也表现出双眼皮的厚度，如图7-57和图7-58所示。

图7-57

图7-58

09 绘制眼珠图形，按快捷键Ctrl+[将其向后移动，填充线性渐变，如图7-59和图7-60所示。

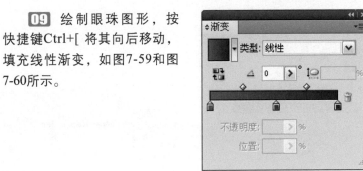

图7-59

图7-60

10 按快捷键Ctrl+Shift+E为眼珠图形设置羽化效果后，再执行"效果">"风格化">"内发光"命令，打开"内发光"对话框，单击模式后面的颜色按钮，打开"拾色器"对话框调整颜色为浅蓝色，设置参数如图7-61所示，单击"确定"按钮后，再执行"效果">"风格化">"外发光"命令，设置参数如图7-62所示，效果如图7-63所示。

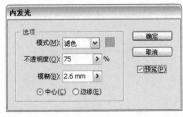

图7-61

图7-62

图7-63

11 使用"椭圆"工具 ◯ 创建一个椭圆形，填充线性渐变，如图7-64所示。选择"晶格化"工具 ◔，先按住Alt键拖曳鼠标将工具大小调至与圆形接近，然后释放Alt键，在圆形上按下鼠标并向下拖曳，如图7-65所示。

图7-64

图7-65

12 继续在圆心位置向下拖曳，使晶格化效果变得复杂，如图7-66所示；使用"铅笔"工具 ✎ 在图形上部边缘拖曳，修改一下路径形状；按V键切换为"选择"工具 ▶，调整图形的高度，如图7-67所示。

图7-66

图7-67

13 再制作一个稍小的图形，如图7-68所示；使用"选择"工具 ▶ 按住Shift键选中这两个晶格化图形，按快捷键Ctrl+Alt+B建立混合，双击"混合"工具 ▓ 打开"混合选项"对话框，设置指定的步数为3，如图7-69和图7-70所示。

图7-68

图7-69

图7-70

14 按快捷键Ctrl+[将混合图形向后移动，如图7-71所示。现在眼神中已经有一种忧郁和神秘的感觉了，接下来会创建一个艺术画笔，用来绘制眼睫毛，使眼睛漂亮起来。

图7-71

图7-72

15 使用"铅笔"工具 ✎ 在画板外绘制如图7-72所示的图形。按下F5键打开"画笔"面板，单击 按钮显示"新建画笔"对话框，选择"新建艺术画笔"选项，如图7-73所示，单击"确定"按钮，打开"艺术画笔选项"对话框，使用系统默认设置即可，名称为"艺术画笔1"，如图7-74所示。

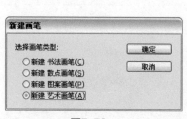

图7-73

图7-74

16 单击"确定"按钮，将图形创建为"画笔"面板中的样本，如图7-75所示，使用"画笔"工具绘制浓密的眼睫毛，效果如图7-76所示。由于画笔样本是由粗到细，因此在绘制睫毛时，应从睫毛根开始向上绘制。

图7-75

图7-76

17 绘制眼睛下面的睫毛时，将描边粗细设置为0.2pt，如图7-77所示，绘制睫毛的投影，设置描边颜色为灰色，效果如图7-78所示。

图7-77

图7-78

18 使用"铅笔"工具 ✎ 在泪腺处绘制一个椭圆形，填充线性渐变，羽化半径为1.4mm，如图7-79和图7-80所示。

图7-79

图7-80

19 在上面再绘制一个图形，在"渐变"面板中调整颜色，如图7-81和图7-82所示。

图7-81

图7-82

20 使用"椭圆"工具 ⬭ 按住Shift键创建两个圆形，填充白色，作为眼睛上的高光，使眼睛明亮起来，如图7-83所示。

图7-83

21 执行"窗口">"画笔库">"艺术效果">"艺术效果_油墨"命令，在打开的面板中选择"干油墨1"样本，如图7-84所示，双击画笔工具✎，在打开的对话框中取消"保持选定"选项的勾选，如图7-85所示。眉毛由许多路径组成，在绘制一条路径后，该路径不处于选中状态，这样在绘制下一条路径时不会影响到前面绘制的路径。而要编辑某条路径时，因为"画笔工具选项"面板中的"编辑所选路径"选项是勾选状态的，因此，可以按住Ctrl键切换为"选择"工具▶选中路径，释放Ctrl键在路径上拖曳鼠标可以改变路径形状。

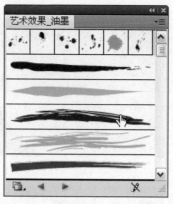

图7-84 图7-85

22 绘制眉毛，设置描边粗细为0.05pt，注意应按照眉毛的生长方向进行绘制，如图7-86所示。在眉头和眉梢处可以使用较浅的颜色进行绘制，表现出眉毛的浓淡与层次，如图7-87所示。

图7-86 图7-87

23 用同样方法绘制左侧的眼睛，如图7-88所示，再绘制一个深色图形，按快捷键Ctrl+Shift+[将其移至底层，使左侧眼睛周围变暗，如图7-89所示。

图7-88 图7-89

7.2.3 绘制鼻子

01 锁定"眼睛"图层，新建一个图层用来绘制鼻子与嘴唇。鼻子是面部最富有体积感的部分，下面来强调一下鼻子的明暗与体积。使用"钢笔"工具✎绘制鼻子的投影图形，如图7-90所示，设置羽化半径为2mm，效果如图7-91所示。

图7-90 图7-91

02 绘制鼻梁的亮部区域，如图7-92所示，设置羽化半径为6mm，按快捷键Ctrl+Shift+F10打开"透明度"面板，设置不透明度为43%，效果如图7-93所示。

图7-92　　　　　　　　　　图7-93

03 再绘制一个如图7-94所示的图形，设置羽化半径为4mm，表现出鼻翼的体积，效果如图7-95所示。

图7-94　　　　　　　　　　图7-95

7.2.4　绘制嘴唇

01 使用"钢笔"工具 绘制嘴唇图形，如图7-96所示。使用"网格"工具 添加网格点表现颜色与明暗，如图7-97和图7-98所示。

图7-96　　　　　　　　图7-97　　　　　　　　图7-98

02 绘制嘴唇之间的深色图形，填充线性渐变和"羽化"效果，羽化半径为1.7mm；如图7-99和图7-100所示。

图7-99　　　　　　　　　　图7-100

03 绘制嘴唇下面的投影并进行羽化，羽化半径为2mm，如图7-101所示。

04 使用"钢笔"工具绘制嘴唇上的高亮图形，如图7-102所示，由于图形较小，在设置羽化效果时，应将羽化半径参数调小，嘴唇上的高光为0.5mm，鼻唇沟部分的高光为1mm，不透明度为61%，效果如图7-103所示。

图7-101

图7-102

图7-103

7.2.5 绘制头发

01 按X键切换为描边编辑状态，在绘制头发时主要是使用路径，应用不同的画笔，调整粗细、颜色或不透明度来表现。在前面7.2.2节中绘制眼睛时使用了"干油墨1"样本，它已被加载到"画笔"面板中。选择"画笔"面板中的"干油墨1"样本，如图7-104所示，在额头处绘制刘海，如图7-105所示。

图7-104

图7-105

02 选择"艺术效果_油墨"面板中的"干油墨2"样本，如图7-106所示，继续绘制头发，将不透明度调至45%，使头发显得轻柔，如图7-107所示。

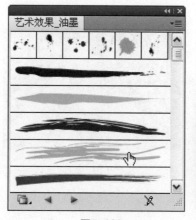
图7-106

图7-107

03 调整描边颜色和粗细，继续绘制头发，增加头发的厚度，如图7-108～图7-110所示。

图7-108

图7-109

图7-110

04 使用"铅笔"工具 ✐ 绘制如图7-111所示的图形，填充黑色，设置羽化半径为4mm。

05 用浅一点的颜色绘制头发，表现出头发的光泽，如图7-112和图7-113所示。

图7-111

图7-112

图7-113

06 使用偏冷的颜色表现右侧的发丝，如图7-114和图7-115所示。完成后的效果如图7-116所示。

图7-114

图7-115

图7-116

第8章

设计项目实战技巧

8.1 名片设计

✎ 学习技巧：创建包含两个画板的文档，自定义全局色，编辑文本。

✎ 学习时间：50分钟

✎ 技术难度：★★

✎ 实用指数：★★★

名片正面

名片背面

8.1.1 名片设计知识

名片主要用于人与人沟通时的信息传递，名片上提供的信息是构成名片的主体，包括文字信息、单位标志、图片或图案等。文字信息又包括单位名称、名片持有人姓名、头衔和联系方式等，部分名片还印有经营范围或其他信息。随着时代的发展，名片的设计也趋于个性化，彰显时尚与创意，如图8-1～图8-4所示。

图8-1

图8-2

图8-3

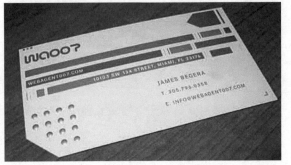

图8-4

8.1.2 制作名片正面的图形

01 按快捷键Ctrl+N打开"新建文档"对话框，设置画板数量为2，分别来制作明片的正面和背面，设置画板间距为8mm，宽度为90mm，高度为60mm，创建新的画板，如图8-5和图8-6所示。

图8-5

图8-6

02 单击"色板"面板中的 按钮,打开"色板选项"对话框,在颜色类型下拉列表中选择"印刷色"选项,勾选"全局色"选项,设置颜色参数如图8-7所示,单击"确定"按钮创建新色样,如图8-8所示。

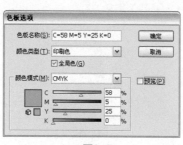

图8-7

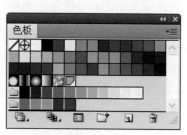

图8-8

03 使用"矩形"工具 在画面左下角拖曳鼠标,创建一个矩形,如图8-9所示。按住快捷键Ctrl+Shift+Alt向上拖曳矩形进行复制,调整矩形大小,如图8-10所示。

图8-9

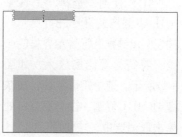

图8-10

04 执行"窗口">"符号库">"自然"命令，打开"自然"面板，将"枫叶"符号拖曳到画面中，如图8-11和图8-12所示。

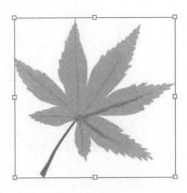

图8-11

图8-12

05 双击"镜像"工具，打开"镜像"对话框，选择"垂直"选项，如图8-13和图8-14所示。

图8-13

图8-14

06 使用"选择"工具将枫叶符号移动到两个颜色块之间，如图8-15所示。选择"符号着色器"工具，现在的前景色是自定义的色样，在符号上单击为它着色，如图8-16所示。

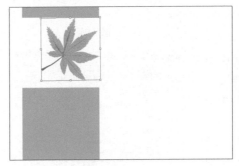

图8-15

图8-16

07 使用"选择"工具按住Alt键拖曳符号进行复制，按住Shift键拖曳符号定界框的一角，将符号等比例放大，如图8-17所示。选中矩形色块，按快捷键Ctrl+C复制，在画面空白处单击取消选中，按快捷键Ctrl+F粘贴到前面，如图8-18所示。

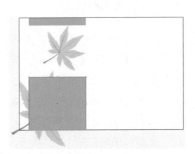

图8-17

图8-18

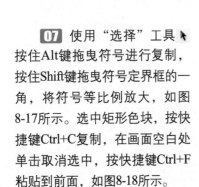

08 枫叶超出了矩形色块的范围，需要用蒙版将多余的部分隐藏。选中符号及其上面的矩形，按快捷键Ctrl+G编组。按下F7键打开"图层"面板，单击按钮展开图层，选中"编组"图层，单击面板下方的按钮创建剪切蒙版，如图8-19和图8-20所示。

09 选中枫叶符号，设置不透明度为20%，如图8-21和图8-22所示。

图8-19

图8-20

图8-21

图8-22

8.1.3 制作名片上的文字

01 选择"文字"工具 **T** 在画面中单击输入文字，在控制面板中设置字体及大小，如图8-23所示。按下Esc键结束文字的输入状态，在另一位置单击输入其他文字，将文字大小调至7pt，如图8-24所示。

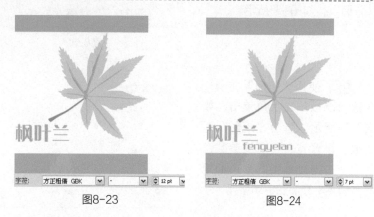

图8-23

图8-24

02 输入公司名称，文字大小为9pt，再输入地址、电话和手机等其他信息文字，字体为黑体，大小为5pt，如图8-25所示。

03 使用"文字"工具在画面空白处拖曳鼠标创建文本框，如图8-26所示，释放鼠标后输入文字，如图8-27所示。

图8-25

图8-26

图8-27

04 按快捷键Ctrl+Alt+T调出"段落"面板，单击"全部两端对齐"按钮■，使文字更加整齐，如图8-28和图8-29所示。将光标放在文本框的一角拖曳，将文本框缩小，如图8-30所示。完成名片正面的制作，效果如图8-31所示。

图8-28

图8-29

图8-30

图8-31

8.1.4　制作名片背面

01 双击"图层1"，在打开的"图层选项"对话框中设置名称为"正面"，如图8-32所示。再新建一个图层，命名为"背面"，如图8-33所示。

图8-32

图8-33

02 使用"矩形"工具■在空白画板的左上角单击，如图8-34所示。弹出"矩形"对话框，设置宽度与高度参数，创建一个与画板相同大小的矩形，如图8-35和图8-36所示。

图8-34

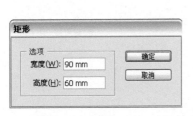

图8-35

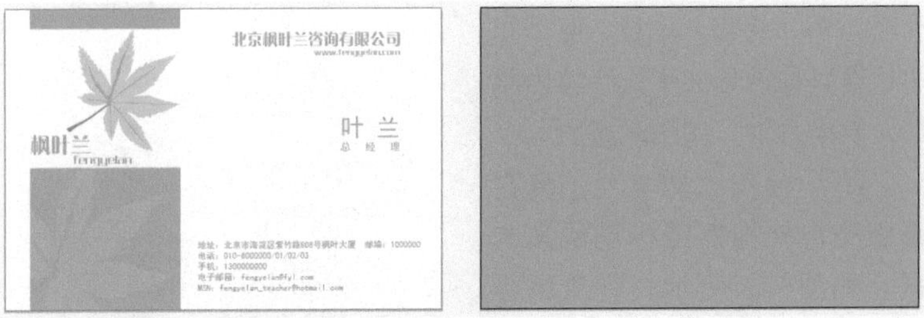

图8-36

03 选中名片正面的枫叶符号，如图8-37所示。在"图层"面板中该符号所在图层后面有高亮显示的标志■，如图8-38所示。

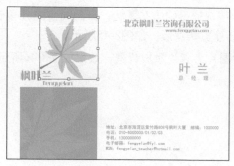

图8-37　　　　　　　　　　　　　图8-38

04 按住Alt键将该标志拖曳到"背面"图层，如图8-39所示。这样操作可以将枫叶符号复制到该图层，此时画面中符号的定界框显示的是"背景"图层的颜色（红色），如图8-40所示。

图8-39　　　　　　　　　图8-40

05 将枫叶符号拖曳到背面色块上，按住Shift键单击背面色块，将其一同选中，释放Shift键再单击一次背面色块，其边缘呈现突出显示。单击控制面板中的■按钮，使枫叶对齐到背景色块，如图8-41所示。

06 选择"符号着色器"工具■，将前景色设置为白色，在符号上单击为它着色，如图8-42所示。添加文字，如图8-43所示。

图8-41　　　　　　　图8-42　　　　　　　图8-43

07 使用"编组选择"工具■选中名片正面左下角的枫叶符号，用前面讲述的方法复制到"背面"图层中，将枫叶图形放大，如图8-44所示。

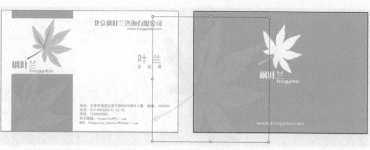

图8-44

第**8**章　设计项目实战技巧

203

08 选中背景色块，按快捷键Ctrl+C复制，在画面空白处单击，按快捷键Ctrl+F粘贴到前面，单击面板底部的 按钮创建剪切蒙版，如图8-45所示。

09 选取适合的素材图片为名片添加背景，效果如图8-46所示。

图8-45　　　　　　　　　　　　　　　　图8-46

8.2　卡通吉祥物形象设计

学习技巧：绘制可爱的形象，学习图形与路径的镜像，以及如何自定义图案，对图案进行缩放。

学习时间：40分钟

技术难度：★★★

实用指数：★★★

制作吉祥物　　　　　　　　　　实例效果

8.2.1　卡通吉祥物的类型与设计要求

1. 卡通吉祥物的类型

卡通吉祥物是指具有一定文化内涵，可以象征企业、商品或活动的漫画人物、动物等形象，而且带有一定名称。吉祥物是商品、企业活动与消费者密切交流的亲善大使，它蕴涵着巨大的商业价值和独特的行销魅力。如图8-47所示为爱德华·米其林设计的米其林轮胎人，一个由许多轮胎组成的特别的人物造型。如图8-48所示为2002年美国盐湖城冬季奥运会吉祥物雪靴兔、北美草原小狼和美洲黑熊。

图8-47 图8-48

- 企业吉祥物：特别为企业形象、声誉而设计的卡通吉祥物，可以增强企业亲和力，拉近与消费者的距离。企业吉祥物一般采用加入公司名称或商标的方法，获得公众对企业的认可，起到为企业担当形象代言人的部分角色。如图8-49所示为麦当劳叔叔的造型。
- 商品吉祥物：为特别的商品设计的吉祥物，可担当主要推销员的工作，经常采用将商品拟人化或吉祥物中包含商品特征的方法。
- 社会活动类吉祥物：为某个特定的活动而创作的，如奥运会、各种大型活动等。如图8-50所示为2010年上海世博会的吉祥物。

图8-49 图8-50

2. 设计要求

卡通吉祥物的设计要针对企业、品牌或活动的经营内容、活动性质来决定设计方向，在设计时应采用人们易于接受和喜爱的形象，表现出很强的亲切感，以产生恒久的持续性。同时要避免与其他公司的吉祥物有相似之处，应具有自己鲜明的个性和特征，使受众能够通过吉祥物对企业、商品或活动的主题、特色产生联想与正确的认知，发挥吉祥物作为企业形象识别系统的重要作用。

01 使用"椭圆"工具◯绘制一个椭圆形，按F6键调出"颜色"面板，将颜色调整为皮肤色，如图8-51和图8-52所示。

图8-51

图8-52

02 绘制一个稍小的椭圆形，填充白色，如图8-53所示。选择"删除锚点"工具◉，将光标放在图形上方的锚点上，如图8-54所示，单击鼠标删除锚点，如图8-55所示。使用"直线"工具◥按住Shift线绘制3条竖线，以皮肤色作为描边颜色，如图8-56所示。

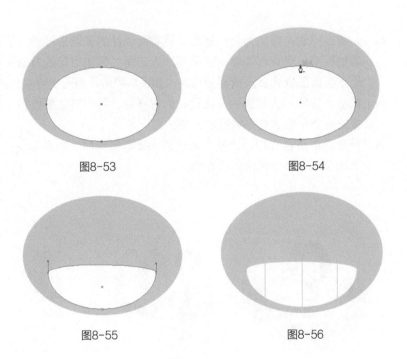

图8-53

图8-54

图8-55

图8-56

03 使用"钢笔"工具◈绘制吉祥物的眼睛，填充粉红色，如图8-57和图8-58所示。使用"椭圆"工具◯按住Shift键绘制一个正圆形，如图8-59所示。

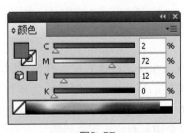

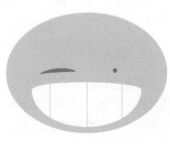

图8-57

图8-58

图8-59

04 在脸颊左侧绘制一个圆形，单击"色板"面板中的"渐黑"色块进行填充，如图8-60和图8-61所示。

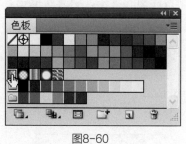

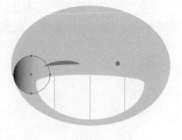

图8-60

图8-61

05 单击"渐变"面板左侧的渐变滑块，如图8-62所示。在"颜色"面板中调整颜色，如图8-63和图8-64所示。

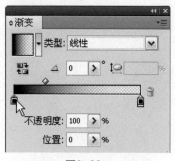

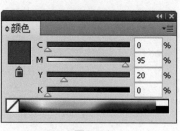

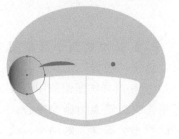

图8-62

图8-63

图8-64

06 单击右侧的渐变滑块，如图8-65所示。将颜色调整为皮肤色，如图8-66所示，此时的渐变效果如图8-67所示。

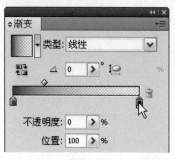

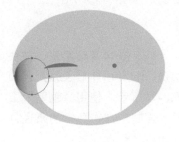

图8-65

图8-66

图8-67

07 在渐变类型下拉列表中选择"径向"选项，拖曳渐变颜色条上方的中点滑块，将位置定位于50%，如图8-68和图8-69所示。

08 使用"选择"工具 ，按住Shift+Alt键向右拖曳图形进行复制，如图8-70所示。

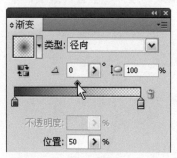

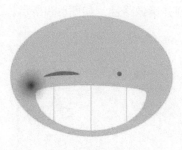

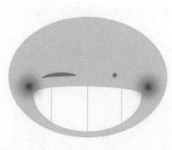

图8-68

图8-69

图8-70

09 使用"钢笔"工具 ✎ 绘制吉祥物的耳朵,填充粉红色,如图8-71所示。再绘制一个稍小的耳朵图形,填充线性渐变,如图8-72和图8-73所示。

图8-71

图8-72

图8-73

10 选中这两个耳朵图形,选择"镜像"工具 ⚘,按住Alt键在吉祥物面部的中心位置单击,以该点为镜像中心,同时弹出"镜像"对话框,选择"垂直"选项,单击"复制"按钮,如图8-74所示。复制出的耳朵图形正好位于画面右侧,如图8-75所示。

图8-74

图8-75

11 选中耳朵图形,按快捷键Ctrl+Shift+[移至底层,如图8-76所示。使用"钢笔"工具 ✎ 绘制吉祥物身体的路径,如图8-77所示。

图8-76

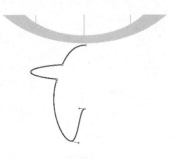

图8-77

12 按下Ctrl键切换到"选择"工具 ▶,选中整条路径,选择"镜像"工具 ⚘,将光标放在路径的起始点上,如图8-78所示。按住Alt键单击,弹出"镜像"对话框架,选择"垂直"选项,单击"复制"按钮,如图8-79所示。复制并镜像路径,如图8-80所示。

图8-78

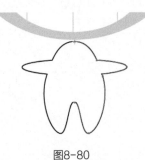

图8-79

图8-80

13 使用"直接选择"工具↘拖曳框选两条路径上方的锚点，单击控制面板中的"连接所选终点"按钮✐，再选中两条路径结束点的锚点进行连接，形成一个完全对称的图形，如图8-81所示。将图形填充粉红色，无描边颜色，如图8-82所示。

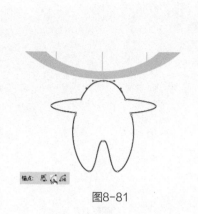

图8-81

图8-82

8.2.3 制作装饰图案

01 使用"选择"工具↘按住Shift键单击面部椭圆形、两个耳朵和身体图形，将其选取，按住Alt键拖到画面空白处，复制这几个图形，如图8-83所示。单击"路径查找器"面板中的"联集"按钮▣，将图形合并在一起，如图8-84所示。

图8-83

图8-84

02 按快捷键Shift+X将填充颜色转换为描边颜色。将图形缩小并复制，将复制后的图形的描边颜色设置为粉红色，使用"矩形"工具▢在两个吉祥物外面绘制一个矩形，无填充与描边颜色，如图8-85所示。选中这3个图形，直接将其拖至"色板"中，创建为图案，如图8-86所示。

图8-85

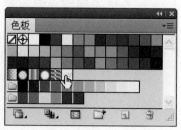

图8-86

03 再制作一个如图8-87所示的图形，单击"色板"面板中自定义的图案，使用吉祥物图形进行填充，效果如图8-88所示。

图8-87

图8-88

04 保持图形的选中状态，在画面中单击右键，在快捷菜单中执行"变换">"缩放"命令，打开"比例缩放"对话框，设置等比缩放参数为30%，选择"图案"选项，表示仅对图形内填充的图案进行缩放，如图8-89和图8-90所示。

图8-89

图8-90

05 使用"旋转"工具，拖曳图形，将其旋转180°，如图8-91所示。按快捷键Ctrl+C复制，按快捷键Ctrl+B粘贴到后面，将填充颜色设置为黑色，用黑色来衬托图案，如图8-92所示。

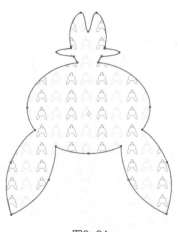

图8-91

图8-92

06 用吉祥物和图案组合成各种画面，效果如图8-93和图8-94所示。

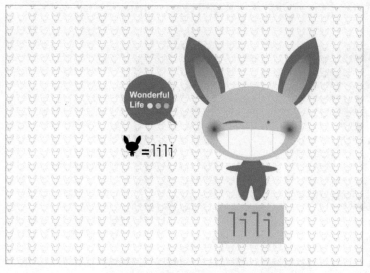

图8-93

图8-94

8.3 POP广告设计

✏ 学习技巧：用封套扭曲图形、文字进行变形，产生弧形弯曲效果，根据需要单独对封套或内容进行编辑。通过"外观"面板复制属性、调整属性参数，改变文字和图形的外观。

✏ 学习时间：40分钟

✏ 技术难度：★★★

✏ 实用指数：★★★

制作弧形图形

添加背景　　　　　　实例效果

8.3.1　POP广告的种类

广义的POP广告包含了所有在商业空间、零售商店内部和周围设置的广告，如商店的牌匾、橱窗、内部装饰与陈设、招贴、宣传资料、商店内发放的广告刊物、条幅以及进行的广告表演和电子广告牌等；狭义的POP则是指在购买场所设置的展柜，商品周围悬挂、摆放和陈设的用于促进商品销售的广告媒体。

如果按照展示场所和使用功能来划分，可分悬挂式POP广告、商品结合式POP广告、商品价目卡、展示卡式POP广告、大型台架式POP广告、POP灯箱以及橱窗设计，如图8-95～图8-98所示。

图8-95

图8-96

图8-97

图8-98

> **提示**
>
> POP广告是英文Point of Purchase Advertising的缩写，意为"在购买场所中能促进销售的广告"，又称"购卖点广告"。POP广告是一种非常有效的促销方式，能够将商品的性能、特点和优势轻松地传达给消费者，可以唤起消费者的潜在意识，进而产生购买行动。

8.3.2 制作平面图形

01 使用"圆角矩形"工具 创建圆角矩形，拖曳鼠标时按↑键可增加圆角半径，如图8-99所示。执行"窗口">"色板库">"渐变">"水果和蔬菜"命令，在调出的面板中选择如图8-100所示的渐变样本，效果如图8-101所示。

图8-99

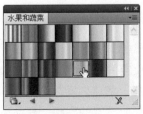

图8-100

图8-101

02 执行"对象">"封套扭曲">"用变形建立"命令，调出"变形选项"面板，在"样式"下拉列表中选择"弧形"选项，设置弯曲参数为40%，如图8-102和图8-103所示。

图8-102

图8-103

03 打开一个文件（光盘>素材>8.3），"手机"被保存为符号，将它拖曳到画面中，如图8-104和图8-105所示。

04 使用"选择"工具 ▶ 选中"手机"，按快捷键Ctrl+C复制，按快捷键Ctrl+F6切换到"POP广告"文档中，按快捷键Ctrl+V，将"手机"粘贴在文档的中间位置，如图8-106所示。

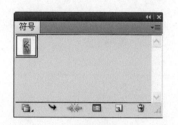

图8-104

图8-105

图8-106

05 单击右键，执行"变换">"分别变换"命令，打开"分别变换"对话框，设置缩放参数为62%，旋转角度为23°，如图8-107所示。单击"复制"按钮，复制一个稍小并旋转的"手机"，将它移动到画面左侧，如图8-108所示。

图8-107

图8-108

06 选择"镜像"工具 ⚮，按住Alt键在画面中间位置单击，弹出"镜像"对话框，选择"垂直"选项，单击"复制"按钮，复制出一个对称的"手机"，如图8-109和图8-110所示。

图8-109

图8-110

07 使用"选择"工具 ↖ 按住Shift键选中这两个小的"手机"图形，选择"符号着色器"工具 🖌️，在"色板"面板中拾取洋红作为填充颜色，如图8-111所示。在手机上单击改变颜色，如图8-112 所示。再拾取蓝色作为填充颜色，在右侧的"手机"上单击，使其呈现出紫色，如图8-113所示。

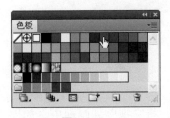

图8-111

图8-112

图8-113

08 使用"矩形"工具 ▢ 创建一个与画面大小相同的矩形，双击"渐变"工具 ▣，打开"渐变"面板调整渐变颜色，如图8-114所示，效果如图8-115所示。

图8-114   图8-115

8.3.3 制作粗描边的弧形字

01 锁定"图层1"，单击 🔲 按钮新建"图层2"，如图8-116所示。

02 使用"文字"工具 T 在画面中单击并输入文字，按快捷键Ctrl+T调出"字符"面板，设置字体和大小，设置水平缩放为75%，将文字"瘦身"，如图8-117所示。在"爱拍一族"后面加入空格，使文字之间保持较大空隙，便于下面的操作中进行编辑，文字可以排列在手机的空隙中，如图8-118所示。

图8-116   图8-117

图8-118

03 按快捷键Ctrl+Shift+O创建轮廓，如图8-119所示。按快捷键Shift+F6调出"外观"面板，如图8-120所示。双击"内容"显示文字的描边与填色属性，如图8-121所示。

图8-119   图8-120   图8-121

04 依然保持文字的选中状态，设置填充颜色为黄绿色，描边颜色为白色，粗细为12pt，将"描边"属性拖曳到"填色"属性下方，使文字不会因为描边变粗而遮挡填充颜色，如图8-122和图8-123所示。

图8-122

图8-123

05 执行"对象">"封套扭曲">"用变形建立"命令，设置参数如图8-124所示，效果如图8-125所示。封套变形的各个选项及参数如图8-126所示、如果对弯曲效果不满意的话，可直接在控制面板中调整。

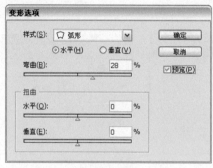

图8-124

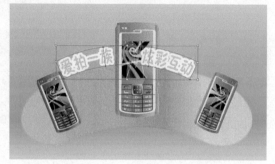

图8-125

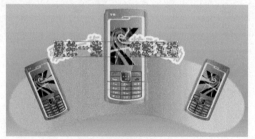

图8-126

06 单击"编辑内容"按钮显示文字路径，如图8-127所示。使用"编组选择"工具框选右面的4个文字，如图8-128所示；按住Shift键将文字向右侧移动，如图8-129所示。单击"编辑封套"按钮，显示封套状态，按住Shift键拖曳定界框的一角，将文字放大，如图8-130所示。

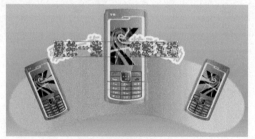

图8-127

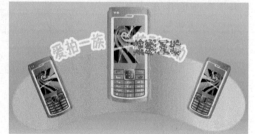

图8-128

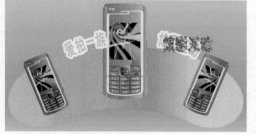

图8-129

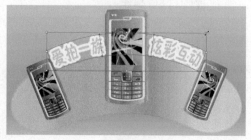

图8-130

01 使用"椭圆"工具
按住Shift键创建一个正圆形，
单击"天空"面板中的"天空
8"渐变样本，如图8-131和图
8-132所示。

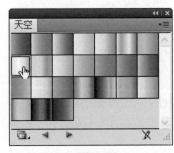

图8-131

图8-132

02 在"外观"面板中
显示了圆形的"描边"与"填
色"属性，如图8-133所示。将
"描边"属性拖曳到面板底部
的 按钮上复制，如图8-134
所示。

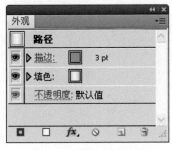

图8-133

图8-134

03 将复制后的"描边"
属性拖曳到"填色"属性下
方，设置描边粗细为9pt。单击
 按钮打开"色板"，选择黄
色，如图8-135所示。使用"文
字"工具**T**在画面中单击输入
文字，如图8-136所示。

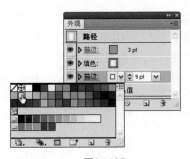

图8-135

图8-136

04 使用"选择"工具
 按住Shift键选中文字及圆
形，按快捷键Ctrl+G编组。
双击"旋转"工具 打开
"旋转"对话框，设置旋转
角度为15°，如图8-137和图
8-138所示。

图8-137

图8-138

05 使用"选择"工具 ▶ 按住Shift+Alt键将编组图形拖曳到画面右侧进行复制,使用"编组选择"工具 ▶ 在圆形上单击将其选中,单击"天空"面板中的"天空16"渐变样本,如图8-139所示。在文字上双击进入文字的编辑状态,对文字内容和颜色进行修改,如图8-140所示。

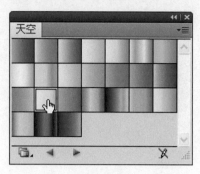

图8-139

图8-140

06 用同样方法制作另外两个文字说明,在"外观"面板中设置圆形的属性,如图8-141所示,效果如图8-142所示。

图8-141

图8-142

8.3.5 制作投影

01 选择"图层1"并解除它的锁定状态,如图8-143所示。在弧形渐变条上单击将其选中,如图8-144所示。

图8-143

图8-144

02 按快捷键Ctrl+C复制，按快捷键Ctrl+B粘贴到后面，对图形的高度进行调整，如图8-145所示。单击控制面板中的"编辑内容"按钮▣，显示原始图形的形状，如图8-146所示。

图8-145

图8-146

03 修改渐变条形的填充颜色，如图8-147和图8-148所示。

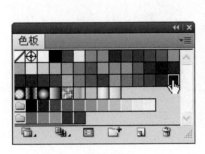
图8-147

图8-148

04 执行"效果">"风格化">"羽化"命令，将图形制作为投影，如图8-149和图8-150所示。

图8-149

图8-150

05 适当调整投影的高度与位置，完成后的效果如图8-151所示。

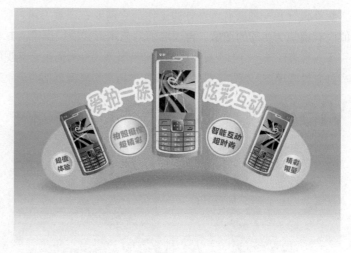

图8-151

8.4 封面设计

学习技巧：将符号样本作为普通图形进行编辑。使用魔棒工具选取图形，调整颜色和描边属性，再以图案进行填充，使图形产生纹理感，从而制作出各种可爱的装饰图形。

学习时间：120分钟

技术难度：★★★

实用指数：★★★★★

制作小怪物形象

实例效果

8.4.1 封面的构成要素与表现方法

封面是书籍的外衣，它具有保护和宣传书籍的双重作用。封面设计浓缩了大量的表现性符号，体现了设计师对书籍的深刻理解，一幅好的封面能够准确地传达书籍的主题思想，还可以影响读者的阅读和购买行为。一幅完整的书籍封面包括：封面、书脊、封底和勒口，如图8-152所示，在精装书中还有硬纸板做的内封皮。

图8-152

封面设计是一项富有创造性的工作，它需要在理解书籍内容、把握原著精神实质的基础上，将书籍的内容提炼为生动的图像，再以准确的艺术形式表现出来。封面设计的常用表现方法有以下几种。

- 写实性表现法：将书中具体的形象和情节表现在封面上，直观形象，且易于理解，如图8-153所示。
- 抽象性表现法：抓住原著的精神实质，再采用高度概括的形象来展现书籍的内涵，如图8-154所示。

图8-153

图8-154

- 装饰性表现法：采用装饰性的线条、色块和图案来展现书的主题和相关信息，如图8-155所示。
- 象征性表现法：采用间接的形象含蓄地表现原著的主题，令人回味，如图8-156所示。
- 抽象与具象结合式表现法：将抽象和具象的图形结合起来传达信息，给人以更多的想象空间。

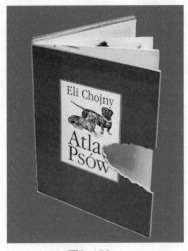

图8-155

图8-156

→ 书籍的开本

书籍的开本是指书籍的幅面大小，也就是书籍的面积。开本一般以整张纸的规格为基础，采用对叠方式进行裁切，整张纸称为"整开"，其1/2为对开，1/4为4开，其余的以此类推。一般的书籍采用的是大、小32开和大、小16开，在某些特殊情况下，也有采用非几何级数开本的。

8.4.2 制作封面底图

01 按快捷键Ctrl+N打开"新建文档"对话框，新建一个203mm×260mm，CMYK模式的文档。

02 选择"矩形"工具
在画面左上角单击，打开
"矩形对话框"，设置宽度为
203mm，高度为260mm，如图
8-157所示。单击"确定"按
钮，新建一个与画面大小相同
的矩形，填充青蓝色，无描边
颜色，如图8-158所示。

图8-157   图8-158

03 按快捷键Shift+F8调出"变换"面板，在面板中显示了图形中心点所在的坐标、图形的宽度和高度等信息，如图8-159所示。将宽度参数设置为209mm，高度为266mm，使每边预留3mm出血，如图8-160所示。图形被自动放大，效果如图8-161所示。

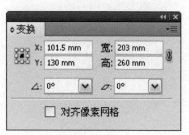

图8-159   图8-160   图8-161

04 按快捷键Ctrl+C复制
图形，按快捷键Ctrl+B粘贴到
后面，执行"视图">"参考
线">"建立参考线"命令，将
矩形创建为参考线，在"图层"
面板中可以看到该图层的名称已
被自动修改为"参考线"，如图
8-162和图8-163所示。

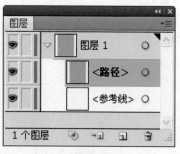

图8-162   图8-163

05 绘制一个椭圆形，如图8-164所示。按快捷键Ctrl+C复制，按快捷键Ctrl+F粘贴到前面，执行"窗口">"色板库">"图案">"自然">"自然_叶子"命令，加载该图案库，单击"花蕾颜色"图案，如图8-165所示。以该图案填充椭圆形，如图8-166所示。

图8-164

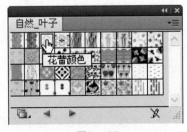

图8-165

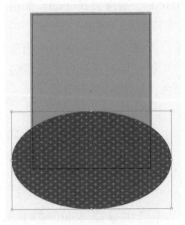

图8-166

06 保持图形的选中状态，单击右键，在打开的快捷菜单中执行"变换">"缩放"命令，打开"比例缩放"对话框，设置等比缩放参数为50%，选择"图案"选项，使变换仅对图案产生作用，如图8-167和图8-168所示。

图8-167

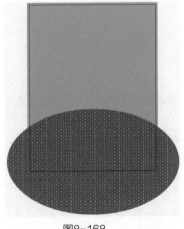

图8-168

07 设置该图形的不透明度为60%，使图案变得浅一些，如图8-169和图8-170所示。

图8-169

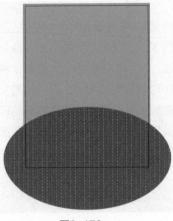

图8-170

08 使用"选择"工具 ↖ 选中矩形，按快捷键Ctrl+C复制，在画面以外的空白区域单击，取消选择。按快捷键Ctrl+F粘贴到前面，使矩形位于所有图形最上面，当前"图层"面板底部的 ◉ 按钮呈现灰色，如图8-171所示。单击"图层1"后其自动被激活，如图8-172所示。然后再单击 ◉ 按钮创建剪贴蒙版，如图8-173所示。将矩形以外的区域隐藏，如图8-174所示。

图8-171

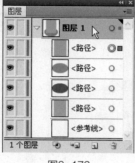

图8-172

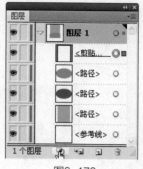

图8-173

图8-174

09 执行"窗口">"符号库">"点状图案矢量包"命令，选择如图8-175的符号，将其拖入画面中，将符号缩小放在画面左侧，如图8-176所示。

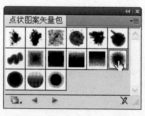

图8-175

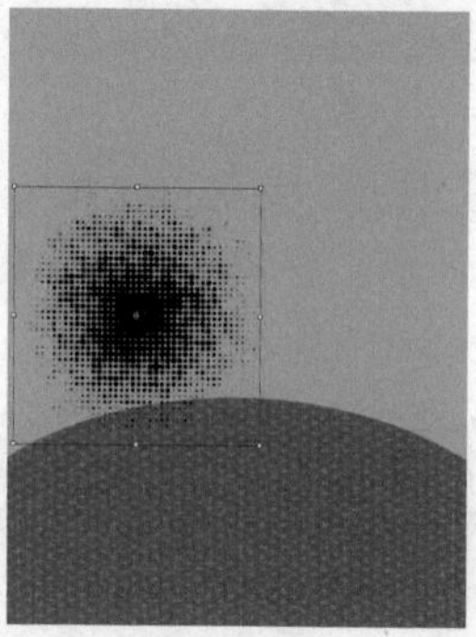

图8-176

10 设置混合模式为"正片叠底"，不透明度为15%，如图8-177和图8-178所示。按住Alt键拖曳符号图形，将其复制到画面右侧，如图8-179所示。

图8-177

图8-178

图8-179

11 执行"窗口">"符号库">"复古"命令，打开"复古"面板，将"蝴蝶"符号拖曳到画面中，如图8-180和图8-181所示。

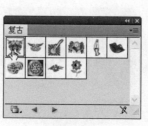

图8-180

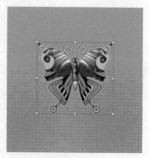

图8-181

223

12 将图形放大，使用"旋转"工具 拖曳图形，将图形旋转180°，放在画面上方，如图 8-182所示。单击"符号"面板底部的"断开符号链接"按钮 ，如图8-183所示。解除符号与实例 的链接状态，使符号可以作为图形进行编辑，如图8-184所示。

图8-182   图8-183   图8-184

13 使用"魔棒"工具 在左侧的黄色图形上单击，将画面中以黄色填充的图形全部选中，如 图8-185所示。将填充颜色设置为20%黑，如图8-186所示。设置描边颜色为黑色，描边粗细为7pt，效果如图8-187所示。

图8-185   图8-186   图8-187

14 在绿色图形上单击，将画面中填充该颜色的图形全部选中，如图8-188所示。将绿色修改为黑色，如图8-189所示。

图8-188   图8-189

15 选中黄色图形，如图8-190所示。修改颜色为绿色，如图8-191所示。

图8-190   图8-191

16 选中绿色图形，如图
8-192所示。修改颜色为黑色，
如图8-193所示。

图8-192

图8-193

17 选中中间的路径，如图8-194所示。在控制面板中设置描边宽度为4pt，在"颜色"面板中修改描边颜色为青蓝色，如图8-195和图8-196所示。

图8-194

图8-195

图8-196

18 在蓝色背景上单击将其选中，如图8-197所示。修改填充颜色为深红色，如图8-198和图8-199所示。

图8-197

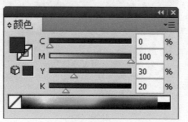

图8-198

图8-199

> **➡ 提示**
>
> "图案"面板中的图案样本大多是无底色的，拿点状图案来举例，直接将图形填充点状图案，画面中点状以外的部分是镂空的。因此，将某一颜色的图形填充一款无底色图案时，应先制作出一个一模一样的图形来。

19 使用"编组选择"工具 在左侧的深红色图形上单击将其选中，如图8-200所示。按快捷键Ctrl+C复制，按快捷键Ctrl+F粘贴，执行"窗口">"色板库">"图案">"基本图形">"基本图形_点"命令，载入该图案库，选择"波浪形细网点"图案，如图8-201所示。用图案填充图形，如图8-202所示。用同样方法将画面右侧的深红色图形也填充图案，如图8-203所示。

图8-200

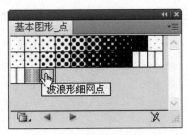

图8-201

图8-202

图8-203

20 选中红色图形，如图8-204所示。将填充颜色设置为洋红色，如图8-204和图8-205所示。

图8-204

图8-205

图8-206

21 同样需要复制并将图形粘贴到前面，单击"基本图形_点"面板中的另一图案，如图8-207所示。填充效果如图8-208所示。用同样方法编辑右侧的红色图形，如图8-209所示。

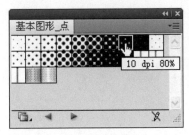

图8-207

图8-208

图8-209

22 再适当调整其他小图形的颜色，完成背景的制作，效果如图8-210所示。

图8-210

8.4.3　制作小怪物形象

01　锁定"图层1"，单击"图层"面板底部的 按钮，新建一个图层，如图8-211所示。使用"钢笔"工具 绘制一个如图8-212所示的图形，填充黄色，设置描边粗细为4pt。

图8-211

图8-212

02　执行"窗口">"符号库">"时尚"命令，载入"时尚"库，选择"靴子"符号，直接拖入画面中，如图8-213和图8-214所示。

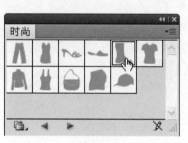

图8-213

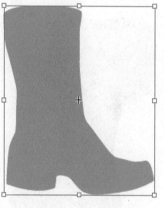

图8-214

03　单击"符号"面板底部的 按钮，断开符号与实例的链接，使符号可以作为图形来编辑，如图8-215和图8-216所示。

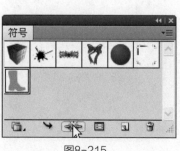

图8-215

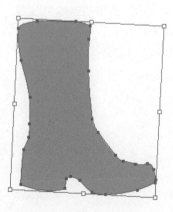

图8-216

04 将靴子填充红色，设置描边粗细为4pt，如图8-217所示。按快捷键Ctrl+C复制，按快捷键Ctrl+F粘贴到前面，单击"色板"中的"波浪形细网点"图案，这个图案在制作背景时用到过，它会自动被加载到"色板"中，如图8-218和图8-219所示。

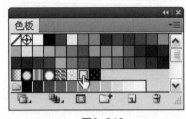

图8-217 图8-218 图8-219

05 在"靴子"上面画半截裤腿，如图8-220所示。选中这3个图形，按快捷键Ctrl+G编组。双击"镜像"工具，在弹出的对话框中选择"垂直"选项，单击"复制"按钮，如图8-221所示。镜像并复制出一个图形，并将它们放到画面中，如图8-222所示。

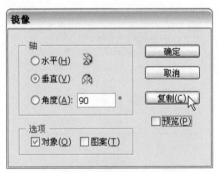

图8-220 图8-221 图8-222

06 使用"钢笔"工具绘制"裤子"和"腰带"，如图8-223和图8-224所示。

图8-223 图8-224

07 绘制一条开放式路径作为裤子上的口袋，如图8-225所示。在这条线下面再绘制一条路径，按快捷键Ctrl+F10调出"描边"面板，勾选"虚线"选项，设置虚线参数为5pt，间隙为2pt，如图8-226所示。形成一条虚线，如图8-227所示。在口袋上面绘制一个小路径，它会自动应用虚线效果，如图8-228所示。

图8-225

图8-226

图8-227

图8-228

08 选中组成口袋的路径，编组后镜像并复制到裤子的另一侧，如图8-229所示。在裤子中间绘制两条中缝，如图8-230所示。

图8-229

图8-230

09 绘制一个如图8-231所示的图形，执行"窗口">"色板库">"图案">"基本图形">"基本图形_纹理"命令，载入图案库，选择如图8-232所示的图案，使图形有一点纹理效果，如图8-233所示。

图8-231

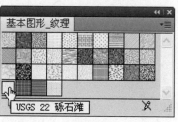
图8-232

图8-233

10 绘制一个椭圆形，调整角度使它有些倾斜，如图8-234所示。在上面绘制一个圆形，设置描边粗细为4pt，如图8-235所示。按快捷键Ctrl+C复制，按快捷键Ctrl+F粘贴到前面，将圆形缩小，将描边颜色设置为灰色，如图8-236所示。再绘制一个圆形，填充黑色，无描边颜色，使用"直接选择"工具 调整锚点的位置，如图8-237所示。

图8-234

图8-235

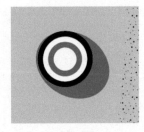
图8-236

图8-237

11 将组成眼睛的图形选中，按快捷键Ctrl+G编组，使用"镜像"工具 将图形镜像并复制到画面左侧，缩小图形，如图8-238所示。

12 将"旭日东升"符号拖到画面中，如图8-239和图8-240所示。单击"符号"面板底部的 按钮，断开符号与实例的链接，如图8-241所示。

图8-238

图8-239

图8-240

图8-241

13 按快捷键Ctrl+Shift+G取消编组，将翅膀以外的图形选中并删除，修改翅膀的颜色为蓝色填充，黑色描边，如图8-242所示。再将"水母灯"、"阴阳花"符号分别拖入画面中，进行编辑和修改，得到如图8-243所示的效果。

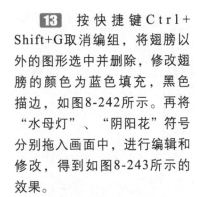

图8-242

图8-243

14 打开一个文件（光盘>素材>8.4），如图8-244所示。选中画面中的图形，复制并粘贴到封面文档中，如图8-245所示。

图8-244   图8-245

8.4.4 制作封面文字

01 锁定"图层2"，单击"图层"面板底部的 按钮，新建"图层3"，如图8-246所示。

02 选择"文字"工具 T，在画面中单击输入文字，在控制面板中设置字体及大小，如图8-247和图8-248所示。

Illustrator CS5　设计与制作深度剖析

图8-246   图8-247   图8-248

03 按快捷键Ctrl+Shift+O将文字创建为轮廓，调出"外观"面板，在"内容"属性上双击，如图8-249所示。显示描边与填色属性，如图8-250所示。在"描边"属性上单击，可以显示描边颜色与粗细的编辑选项，如图8-251所示。

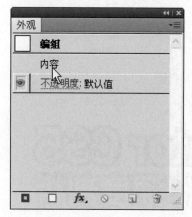

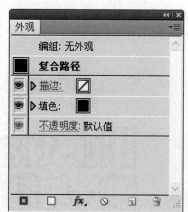

图8-249   图8-250   图8-251

04 单击 按钮显示"色板",选择洋红色作为描边颜色,设置描边粗细为1pt,如图8-252所示。设置填充颜色为白色,如图8-253所示,效果如图8-254所示。

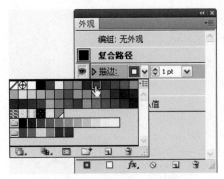

图8-252 图8-253

图8-254

05 单击"描边"属性,如图8-255所示。单击面板底部的 按钮,复制该属性,如图8-256所示;拖曳该属性到"填色"属性下方,设置描边粗细为3pt,如图8-257所示;再次复制描边属性,放在最底层,设置颜色为黑色,粗细为11pt,如图8-258所示,效果如图8-259所示。

图8-255 图8-256

图8-257 图8-258

图8-259

06 绘制一个圆角矩形，填充浅灰色，描边颜色为咖啡色，粗细为1.5pt，如图8-260和图8-261所示。

图8-260　　　　　　　图8-261

07 在"外观"面板中复制"描边"属性，如图8-262所示。调整描边颜色和粗细，如图8-263和图8-264所示，效果如图8-265所示。

图8-262

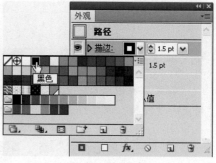

图8-263

图8-264

图8-265

08 再复制3个"描边"属性，拖到"填色"属性下方，分别调整颜色与粗细，如8-266和图8-267所示。

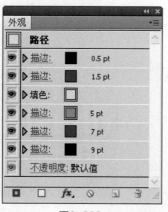

图8-266

图8-267

09 保持图形的选中状态，按快捷键Shift+F5调出"图形样式"面板，单击面板底部的 ▣ 按钮，将当前图形具有的外观效果创建为图形样式，如图8-268所示。

10 绘制5个圆角矩形，如图8-269所示。每个图形之间都要有一点重叠，选中这5个图形，单击"路径查找器"面板中的"联集"按钮 ▣，将图形合并在一起，如图8-270所示。

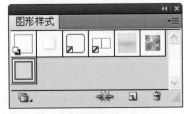

图8-268

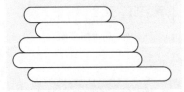

图8-269

图8-270

➡ 提示

如果合并图形后，图形之间有黑色的直线，说明图形间没有重叠。可以按快捷键Ctrl+Z返回到上一步操作，调整好图形位置，使其排列紧密些，然后再做联集操作。

11 单击"图形样式"面板中自定义的样式，如图8-271所示。为图形设置一个多重描边效果，如图8-272所示。

图8-271

图8-272

12 最后，将制作的图形与文字放在封面上，再输入其他相关信息，效果如图8-273所示。

图8-273

8.5 艺术展海报设计

- 学习技巧：编辑符号、使用"实时描摹"制作版画人物。
- 学习时间：50分钟
- 技术难度：★★★
- 实用指数：★★★★

分割画面

制作版画人物

实例效果

8.5.1 海报的种类与表现方法

海报是指张贴在公共场所的告示和印刷广告，它作为一种视觉传达艺术，最能体现平面设计的形式特征，具有视觉设计最主要的基本要素。

1. 海报的种类

海报从用途上分为3类：商业海报、艺术海报和公共海报。商业海报是最为常见的海报形式，也是广告的主要媒介之一，它包括各种商品的宣传海报、服务类海报、旅游类海报、文化娱乐类海报、展览类海报和电影海报等。如图8-274所示为佳能监控器海报，如图8-275所示为杀虫剂海报。

图8-274

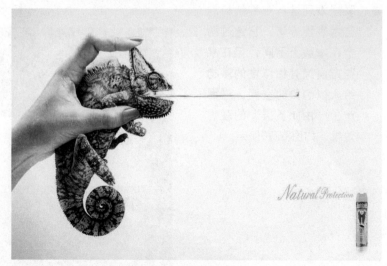

图8-275

艺术海报是一种以海报形式表达美术创新观念的艺术作品，它包括各类画展、设计展、摄影展的海报。如图8-276和图8-277所示为设计师Dan Reisinger设计的文化类海报。

图8-276

图8-277

公共海报是一种非商业性的海报，它包括宣传环境保护、交通安全、防火、防盗、禁烟、禁毒、保护妇女儿童权益等的公益海报，以及政府部门制定的政策与法规的宣传海报和体育海报等非公益性海报。

2. 海报的常用表现手法

● 写实表现法：能够有效地传达产品的最佳利益点，如图8-278所示。

● 联想表现法：一种婉转的艺术表现方法，它通过两个在本质上不同，但在某些方面又有相似性的事物给人以想象的空间，进而产生"由此及彼"的联想效果，如图8-279所示。

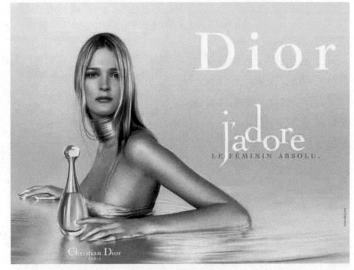
图8-278

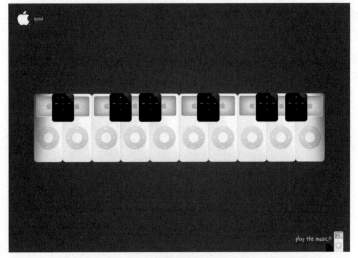
图8-279

- 幽默表现法：幽默的海报具有很强的戏剧性、故事性和趣味性，往往能够带给人会心的一笑，让人感觉到轻松愉快，并产生良好的说服效果，如图8-280所示。
- 夸张表现法：夸张是海报中比较常用的表现手法，它通过一种夸张的、超出观众想象的画面内容来吸引眼球，具有极强的戏剧性和吸引力，如图8-281所示。

图8-280   图8-281

- 拟人化表现法：将自然界的事物进行拟人化处理，赋予其人格和生命力，能够让观众迅速在心理产生共鸣，如图8-282和图8-283所示。

图8-282   图8-283

- 讽刺与戏谑表现法：采用讽刺或戏谑的手法来揭露落后事物的本质，以达到针砭社会弊病、惩恶扬善的目的。
- 名人表现法：巧妙地运用名人效应可增加产品的亲切感，产生良好的社会效益，如图8-284、图8-285所示。

图8-284   图8-285

8.5.2　版面构图

01 按快捷键Ctrl+N打开"新建文档"对话框，在"大小"下拉列表中选择"A3"选项，在"取向"中单击"纵向"按钮 ⬛，创建一个CMYK模式文档。

02 选择"矩形"工具 ⬜，在画面中单击打开"矩形"对话框，创建一个与画板大小相同的矩形，如图8-286所示，填充浅绿色，如图8-287和图8-288所示。

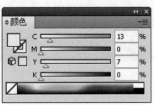

图8-286　　　　　　　　　　图8-287　　　　　　　　　　图8-288

03 再绘制一个黑色的矩形，如图8-289所示。使用"选择"工具 ▶ 按住Shift+Alt键向左拖曳矩形进行复制，调整矩形的宽度，如图8-290所示。单击第一个黑色矩形将其选中，按住Shift+Alt键向下拖曳进行复制，调整矩形的高度，如图8-291所示。在画面下方绘制矩形，如图8-292所示。

图8-289　　　　　　　　　　图8-290

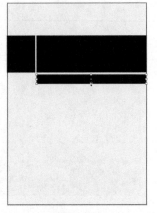
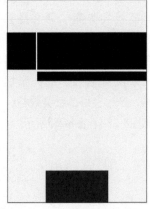

图8-291　　　　　　　　　　图8-292

04 再绘制一个与画面宽度相同的矩形，填充绿色，如图8-293和图8-294所示。

图8-293

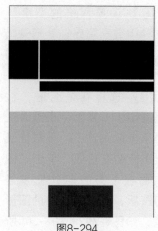

图8-294

05 执行"对象">"路径">"分割为网格"命令，打开"分割为网格"对话框，设置行数为25，列数为30，如图8-295所示，单击"确定"按钮，将矩形分割为网格。分割后的图形处于选中状态，如图8-296所示，按快捷键Ctrl+G将这些小的矩形编为一组。在画面空白处单击取消选中状态，效果如图8-297所示。

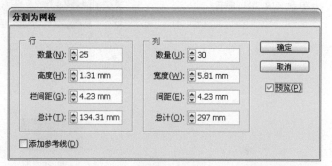

图8-295

图8-296

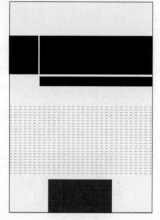

图8-297

创建带有一定间距的网格

在使用"分割为网格"命令时，对话框中的"高度"和"宽度"选项可设置每一个矩形的高度和宽度；"栏间距"用来设置行与行之间的间距，"间距"用来设置列与列的间距；"总计"用来设置矩形网格的总高度和总宽度，增加这两个数值时，Illustrator会增加每一个矩形的高度和宽度。此外，选择"添加参考线"选项后，可基于阵列的矩形创建类似参考线状的网格。

06 调整网格的宽度，按住Shift键在定界框外拖曳鼠标，将网格旋转45°，如图8-298所示。

07 选择背景图形，按快捷键Ctrl+C复制，在画面空白处单击取消选中，按快捷键Ctrl+F粘贴在前面，单击"图层"面板下方的按钮创建剪切蒙版，将画面以外的图形隐藏，如图8-299和图8-300所示。在"图层"面板中将网格图层拖曳到黑色编组图层下方，效果如图8-301所示。

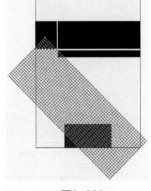

图8-298

图8-299

图8-300

图8-301

8.5.3 创建彩色枫叶符号实例

01 单击"符号"面板下方的 按钮，选择"自然"选项，加载该符号库，选择"枫叶2"样本，如图8-302所示。使用"符号喷枪"工具 在画面中单击，创建符号实例，如果是采用拖曳鼠标的方式会创建密集的符号实例，符号之间的距离很近，因此这里使用单击的方式，而且可以在指定位置创建符号，如图8-303所示。使用"符号缩放器"工具 在符号上单击，将符号放大，按住Alt键单击可以缩小符号，如图8-304所示。

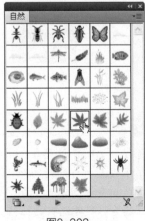

图8-302

图8-303

图8-304

02 使用"符号旋转器"工具 在符号上拖曳将符号旋转，如图8-305所示；使用"符号移位器"工具 拖曳符号改变其位置，如图8-306所示。

图8-305

图8-306

03 将填充颜色设置为黄色，使用"符号着色器"工具 在符号上单击，将枫叶改为黄色，如图8-307所示；使用"符号滤色器"工具 在画面上方的黄色枫叶上单击，使其变得透明，如图8-308所示。

图8-307

图8-308

04 使用"符号着色器"工具 将画面下方的符号改为黄色，再使用"符号喷枪"工具 在画面左侧单击，添加枫叶符号，如图8-309所示；使用符号组中的工具调整符号的大小、角度和颜色，如图8-310所示。

图8-309

图8-310

01 锁定"图层1",单击 ▣ 按钮新建"图层2",如图8-311所示。执行"文件">"置入"命令置入一个文件(光盘>素材>8.5),如图8-312所示。

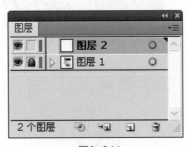

图8-311

图8-312

02 选中图像,单击控制面板中实时描摹后面的 ▪ 按钮,在打开的菜单中选择"16色"选项,如图8-313所示,效果如图8-314所示。

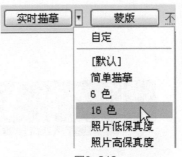

图8-313

图8-314

03 单击控制面板中的 扩展 按钮,将描摹对象转换为路径,如图8-315所示。使用"魔棒"工具 🪄 在黑色背景中单击,将黑色部分全部选中,如图8-316所示;选择"套索"工具 🔦,按住Alt键将眼睛圈选,取消对眼睛区域的选择,如图8-317所示。

图8-315

图8-316

图8-317

04 按Delete键删除所选对象，如图8-318所示。画面中还有一些残余的部分，可以使用"套索"工具 将其选取，如图8-319所示，按Delete键删除，如图8-320所示。

图8-318　　　　　　　　　　图8-319　　　　　　　　　　图8-320

05 使用"铅笔"工具 在人物的头部绘制一个黑色图形，按快捷键Ctrl+[将该图形向后移动，如图8-321所示。将人物与黑色图形选中，按快捷键Ctrl+G编组。双击"镜像"工具 ，打开"镜像"对话框，选择"垂直"选项，单击"复制"按钮将图形镜像并复制，如图8-322所示，使用"选择" 工具 将复制后的图形向左侧拖动，如图8-323所示。选中这两个人物图形，按快捷键Ctrl+G编组。

 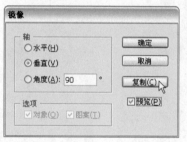 

图8-321　　　　　　　　　　图8-322　　　　　　　　　　图8-323

06 再次双击"镜像"工具 打开"镜像"对话框，选择"水平"选项，单击"复制"按钮，如图8-324所示，将复制后的图形向下移动并适当缩小，在"透明度"面板中设置混合模式为"明度"，如图8-325和图8-326所示。

图8-324　　　　　　　　　　图8-325　　　　　　　　　　图8-326

8.5.5 制作装饰图形

01 分别绘制一个圆形和一个矩形,并将这两个图形选中,如图8-327所示,单击"路径查找器"中的"联集"按钮 ,将两个图形合并,如图8-328和图8-329所示。

02 使用"直接选择"工具 在画面上拖出一个选框,选取圆形与矩形相接的两个锚点,按下↓键将锚点向下移动,改变图形的形状,如图8-330所示;单击左侧的锚点显示控制点,拖曳控制点改变图形的形状,如图8-331所示,同样调整右侧锚点的控制点,效果如图8-332所示。

图8-327　　　　　　图8-328　　　　　　图8-329　　　图8-330　　　图8-331　　　图8-332

03 复制黑色雨滴图形,调整大小,按快捷键Ctrl+Shift+[放置在人物的后面,如图8-333所示;选中这些雨滴图形,将它镜像后移动到画面下方并适当缩小,将填充颜色设置为绿色,如图8-334所示;再制作一些白色的雨滴图形,如图8-335所示。

04 在画面上方也添加一些黑色雨滴图形,如图8-336所示。

图8-333　　　　　　图8-334　　　　　　图8-335　　　　　　图8-336

05 执行"窗口">"符号库">"绚丽矢量包"命令,调出如图8-337所示的面板,分别将绚丽矢量包11、12符号拖曳到画面中,适当放大并放置在人物的后面作为装饰,如图8-338和图8-339所示。

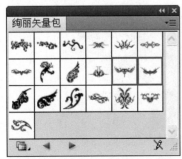  

图8-337　　　　　　　　　图8-338　　　　　　　　　图8-339

06 执行"窗口">"符号库">"至尊矢量包"命令，选中至尊矢量包14符号，如图8-340所示。将它拖曳到画面中，单击"符号"面板中的 按钮，断开符号的链接，如图8-341和图8-342所示。

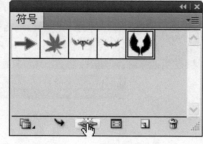

图8-340

图8-341

图8-342

07 使用"编组选择"工具选中一边的翅膀并移动，增加翅膀之间的距离，将翅膀放置在人物后面，如图8-343所示。

08 再次从"符号"面板中拖出一个翅膀符号，单击 按钮断开符号的链接，将符号转换为图形，填充白色，单击"符号"面板下方的 按钮，将其创建为新的符号，使用"选择"工具将白色翅膀符号拖曳到黑色雨滴图形上，按住Shift键拖曳定界框将符号成比例缩小，按住Alt键拖曳进行复制，点缀在其他黑色雨滴图形上。在白色雨滴图形上点缀黑色翅膀符号，如图8-344所示。

图8-343

图8-344

09 使用"椭圆"工具按住Shift键绘制一个正圆形，描边粗细为20pt，无填充颜色，如图8-345所示。再绘制一个圆形，填充绿色，无描边颜色；选中这两个图形，单击控制面板中的"水平居中对齐"按钮和"垂直居中对齐"按钮，将它们居中对齐，如图8-346所示。

图8-345

图8-346

10 将图形放在画面中。新建一个图层，将其他两个图层锁定。使用"文字"工具 **T** 在画面中拖曳，创建文本框然后输入文字，可以使文字在充满一行时自动换行，完成后的效果如图8-347所示。

图8-347

8.6　手机UI设计

* 学习技巧：绘制图形、编辑渐变表现手机的光泽和按钮的立体效果。
* 学习时间：60分钟
* 技术难度：★★★★
* 实用指数：★★★★★

制作手机

制作一级界面

制作二级界面

8.6.1 UI设计的应用领域

　　UI设计是一门结合了计算机科学、美学、心理学、行为学等学科的综合性艺术，它为了满足软件标准化的需求而产生，并伴随着计算机、网络和智能化电子产品的普及而迅猛发展。

　　UI的应用领域主要包括：手机通讯移动产品、计算机操作平台、软件产品、PDA产品、数码产品、车载系统产品、智能家电产品、游戏产品、产品的在线推广等。国际和国内很多从事手机、软件、网站、增值服务的企业和公司都设立了专门从事UI研究与设计的部门，以期通过UI设计提升产品的市场竞争力。如图8-348和图8-349所示为软件界面设计，如图8-350所示为游戏图标设计，如图8-351所示为手机界面设计。

图8-348

图8-349

图8-350

图8-351

> **➔ 提示**
>
> 　　UI是User Interface 的简称，译为"用户界面"或"人机界面"，这一概念是上个世纪70年代由施乐公司帕洛阿尔托研究中心（Xerox PARC）施乐研究机构工作小组提出的，并率先在施乐一台实验性的计算机上使用。

8.6.2 绘制手机

　　01 按快捷键Ctrl+N打开"新建文档"对话框，在"新建文档配置文件"下拉列表选择"基本RGB"选项，在"大小"下拉列表选择"A4"选项，新建一个A4大小、RGB模式的文档。选

择"圆角矩形"工具 ▢，在画面中单击，打开"圆角矩形"对话框，设置"宽度"为61mm，"高度"为120mm，"圆角半径"为8.1mm，如图8-352所示，单击"确定"按钮创建一个圆角矩形，如图8-353所示。

图8-352　　　　　　　　　图8-353

02 将图形填充黑色，设置描边宽度为3pt，如图8-354所示。

03 按快捷键Ctrl+C复制，按快捷键Ctrl+F粘贴到前面。使用"直线"工具 ＼ 在图形右侧绘制一条斜线，如图8-355所示。使用"选择"工具 ▸ 按住Shift键单击圆角矩形，将其一同选中，如图8-356所示。

图8-354　　　　　图8-355　　　　　图8-356

04 按快捷键Ctrl+Shift+F9调出"路径查找器"面板，单击"分割"按钮 ▣，用直线将图形分割成两部分，在控制面板中取消路径的描边，如图8-357和图8-358所示。

图8-357　　　　　　　　　　　图8-358

05 使用"直接选择"工具 ▸ 在右上方的图形上单击，如图8-359所示。在"渐变"面板中设置左侧滑块为灰色，右侧为黑色，在面板下方将黑色滑块的不透明度设置为0%，设置渐变角度为-68°，如图8-360和图8-361所示。

图8-359　　　　　图8-360　　　　　图8-361

突破平面 Illustrator CS5设计与制作深度剖析

06 在步骤3时复制过圆角矩形，现在按快捷键Ctrl+B可以再次粘贴图形，使其位于最底层。按住Shift+Alt键拖曳定界框的一角，将图形等比例放大，如图8-362所示。设置图形的描边粗细为0.25pt，颜色为灰色，在"渐变"面板中设置渐变颜色，如图8-363所示。以灰色-白色的渐变颜色填充图形，如图8-364所示。

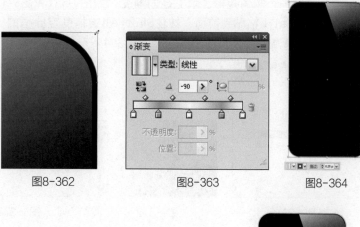

图8-362　　　　　图8-363　　　　　图8-364

07 选择"矩形"工具▣，在画面中单击，打开"矩形"对话框，设置宽度为53.7mm，高度为80.6mm，如图8-365所示，单击"确定"按钮，创建一个矩形，填充灰色，无笔画颜色，这个图形作为手机的触摸屏，如图8-366所示。

图8-365　　　　　　　图8-366

> **提示**
>
> 　绘制完触摸屏后，可选中所有图形，单击"对齐"面板中的"水平居中对齐"按钮▣和"垂直居中"按钮▣，使图形的位置更加精确。

08 使用"椭圆"工具○按住Shift键绘制一个正圆形，如图8-367所示。在"渐变"面板中调整渐变颜色，如图8-368所示。以灰色-透明渐变进行填充，设置描边颜色为深灰色，描边粗细为0.25pt，如图8-369所示。

09 在按键上绘制一个圆角矩形，无填充颜色，描边颜色为深灰色，描边粗细为1pt，如图8-370所示。

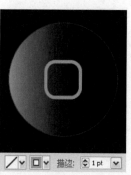

图8-367　　　　　图8-368　　　　　图8-369　　　　　图8-370

10 绘制一个圆角矩形，填充径向渐变，如图8-371和图8-372所示。按快捷键Ctrl+C复制该图形，按快捷键Ctrl+F粘贴到前面，按住Shift+Alt键拖曳定界框的一角，将图形成比例缩小，在"渐变"面板中调整渐变颜色，如图8-373和图8-374所示。

图8-371

图8-372

图8-373

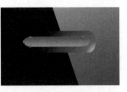

图8-374

11 下面来制作摄像头。绘制一个圆形，填充径向渐变，如图8-375和图8-376所示。按快捷键Ctrl+C复制该图形，按快捷键Ctrl+F粘贴到前面，按住Shift+Alt键拖曳定界框的一角，将图形等比例缩小，将填充颜色设置为深蓝色，如图8-377所示。

图8-375

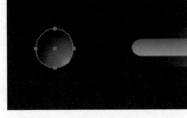

图8-376

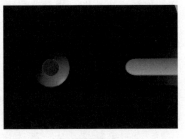

图8-377

12 再来绘制手机上方的"睡眠/唤醒"按钮。使用"圆角矩形"工具绘制一个扁长的图形，填充线性渐变，如图8-378和图8-379所示。在手机左侧制作响铃/静音开关、音量按钮，如图8-380所示，完成手机的绘制，效果如图8-381所示。

图8-378

图8-379

图8-380

图8-381

01 在"图层"面板中锁定"图层1",单击面板底部的 按钮,新建"图层2",如图8-382所示。

图8-382

02 在屏幕上方和下方分别创建一个矩形,填充线性渐变,如图8-383~图8-386所示。

图8-383

图8-384

图8-385

图8-386

03 在下方的状态栏上创建3个矩形,填充线性渐变,如图8-387和图8-388所示。

图8-387

图8-388

04 使用"钢笔"工具 ✎ 绘制一个文件夹图标，设置笔画粗细为1pt，无填充颜色，如图8-389所示。使用"多边形"工具 ⬡ 绘制一个六边形，设置笔画粗细为2pt，无填充颜色，如图8-390所示。使用"圆角矩形"工具 ▢ 绘制图形，填充黑色，使用"椭圆"工具 ⬭ 绘制图形，设置笔画粗细为1pt，无填充颜色，组成一个放大镜图标，如图8-391所示。选中这两个图形，在定界框外拖曳鼠标，将图形旋转，如图8-392所示。

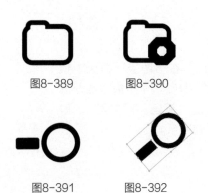

图8-389　　　图8-390

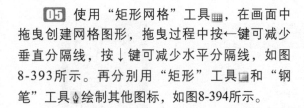

图8-391　　　图8-392

05 使用"矩形网格"工具 ▦，在画面中拖曳创建网格图形，拖曳过程中按←键可减少垂直分隔线，按↓键可减少水平分隔线，如图8-393所示。再分别用"矩形"工具 ▢ 和"钢笔"工具 ✎ 绘制其他图标，如图8-394所示。

图8-393　　　　　图8-394

06 将图标放在屏幕下方的状态栏上，将其中4个图标的颜色设置为白色，如图8-395所示。

图8-395

07 使用"文字"工具 T 在画面中单击输入文字，在控制面板中设置字体为Arial，大小为6pt，如图8-396所示。

图8-396

08 在文字左侧绘制一排矩形，填充蓝色，作为蜂窝信号，如图8-397所示。

图8-397

8.6.4　制作屏幕背景

01 绘制一个与屏幕大小相同的矩形，按快捷键Ctrl+Shift+[将图形移至底层，单击"色板"面板中的深棕色进行填充，如图8-398和图8-399所示。

图8-398

图8-399

02 执行"窗口">"符号库">"污点矢量包"命令，载入该符号库，选择如图8-400所示的符号样本，拖入画面中，如图8-401所示。

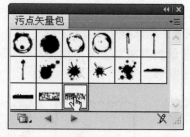

图8-400

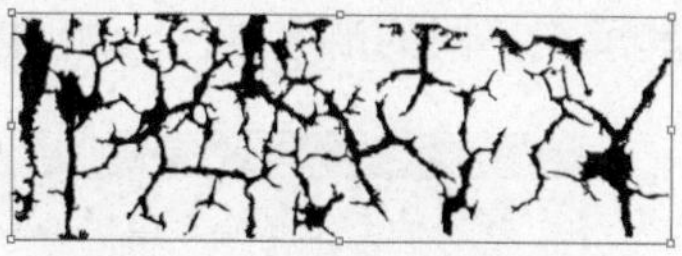

图8-401

03 在"透明度"面板中设置不透明度为25%，如图8-402所示，使用"选择"工具拖曳定界框，将图形缩小，放在屏幕内，按快捷键Ctrl+Shift+[将图形移至底层，再按快捷键Ctrl+] 前移一层，使它正好位于深棕色图形上方，如图8-403所示，按住Alt键向右侧拖曳，进行复制，如图8-404所示，使屏幕背景有木纹质感。

图8-402

图8-403　　图8-404

8.6.5 制作应用程序图标

01 在状态栏下方绘制一个矩形，填充线性渐变，如图8-405和图8-406所示。

02 使用"文字"工具T在画面中单击输入文字，如图8-407所示。

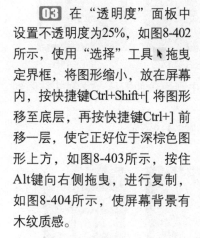

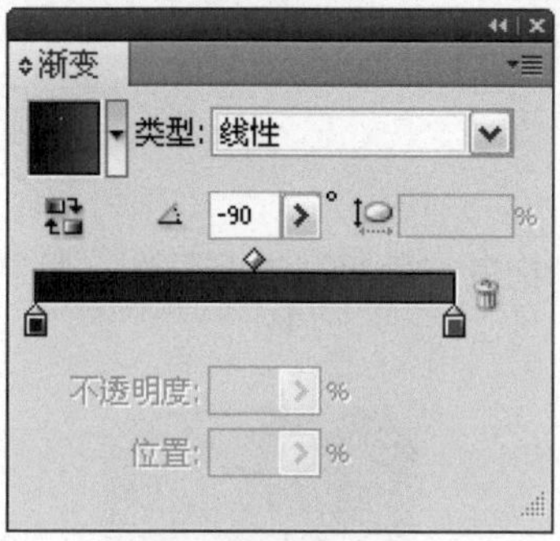

图8-405

图8-406

图8-407

03 在画面空白处绘制一个矩形，如图8-408所示。在矩形左上角绘制一个圆形，如图8-409所示。使用"选择"工具按住Shift+Alt键拖曳圆形进行复制，如图8-410所示。按快捷键Ctrl+D再次变换图形，如图8-411所示。

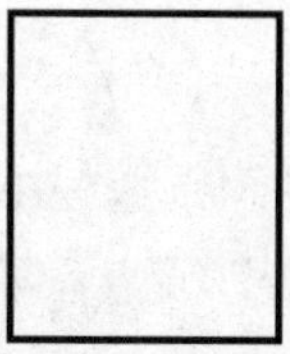

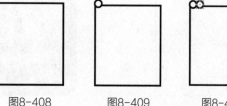

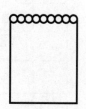

图8-408　　图8-409 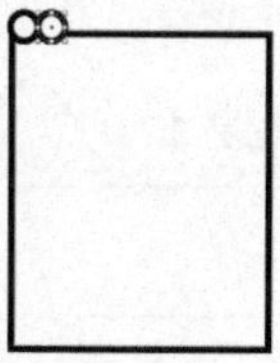　　图8-410　　图8-411

04 将圆形与矩形全部选取，单击"路径查找器"中的"减去顶层"按钮 ，使圆形与矩形相减，矩形的边缘有类似齿孔的效果，如图8-412和图8-413所示。

05 将图形填充蓝色渐变，移动到屏幕左上方，如图8-414所示。复制该图形布满屏幕，并为其填充不同的渐变颜色，如图8-415所示。

图8-412

图8-413

图8-414

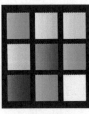

图8-415

06 打开一个文件（光盘>素材>8.6a），如图8-416所示。选中画面中的图标，复制并粘贴到"手机"文档中，如图8-417所示。

07 使用"文字"工具 T 在画面中单击输入文字，如图8-418和图8-419所示。

图8-416　　　　　　　图8-417　　　　　　　图8-418　　　　　　　图8-419

01 按快捷键Ctrl+A全选，使用"移动"工具 按住Alt键向右侧拖曳"手机"进行复制，复制后的图形依然位于两个图层中，便于编辑，如图8-420和图8-421所示。

图8-420

图8-421

02 选取图标并删除，只保留屏幕背景、状态栏和手机，如图8-422所示。执行"窗口" > "符号" > "Web按钮和条形"命令，载入该符号库，如图8-423所示，选择"上一下"、"下一个"、"信息"和"搜索"符号，拖入画面中，调整大小，再绘制一个搜索栏，如图8-424所示。

图8-422

图8-423

图8-424

03 绘制一个与屏幕宽度相同的圆形矩形，填充蓝色渐变，如图8-425所示。选择"删除锚点"工具，将光标放在左下方的锚点上，如图8-426所示。单击删除该锚点，如图8-427所示。选择"转换锚点"工具，在左下角的锚点上单击，将其转换为角点，如图8-428所示。在圆角矩形右侧进行同样的操作，形成一个上面是圆角，下面是直角的图形，如图8-429所示。

图8-425

图8-426

图8-427

图8-428

图8-429

04 按快捷键Ctrl+C复制该图形，按快捷键Ctrl+F粘贴到前面，在"渐变"面板中调整渐变颜色，填充黑色-透明渐变，如图8-430和图8-431所示。选中这两个图形，按快捷键Ctrl+G编组。

05 使用"选择"工具，按住Shift+Alt键向下拖曳图形进行复制，如图8-432所示。单击"图层"面板中的按钮，展形图层，找到复制图形的所在层，如图8-433所示。

图8-430

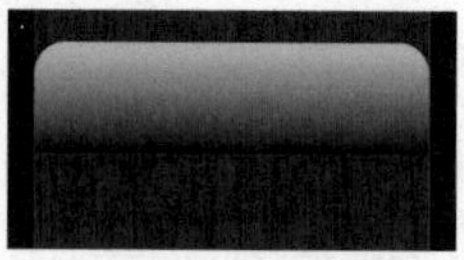

图8-431

图8-432

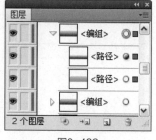

图8-433

06 在蓝色图形所在图层后面单击，单独选中该图形，如图8-434所示。在"渐变"面板中调整颜色，将其填充黄色渐变，如图8-435和图8-436所示。

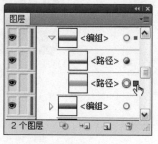

图8-434

图8-435

图8-436

07 再次复制图形，使用不同的渐变颜色进行填充，如图8-437所示。

08 执行"窗口">"符号库">"网页图标"命令，加载符号库，如图8-438所示，这个符号库中包含丰富的图标，使用时可直接拖入画面中，如果要改变颜色，可单击"符号"面板底部的 按钮，断开符号的链接，即可像编辑图形一样修改颜色了。在各条目上输入文字，效果如图8-439所示。

图8-437

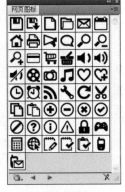

图8-438

图8-439

8.6.7 制作背景

01 单击"图层"面板底部的 按钮，新建一个图层，将其拖到"图层1"下方，锁定"图层1"与"图层2"，如图8-440所示。

02 绘制一个圆形，填充黑色-透明的径向渐变，如图8-441和图8-442所示。使用"选择"工具 ，将光标放在上边框位置，按住Alt键向下拖曳，将圆形压扁，如图8-443所示。

图8-440

图8-441

图8-442

图8-443

03 再绘制一个与"手机"大小相同的圆角矩形，填充线性渐变，如图8-444所示，选中这两个投影图形，设置混合模式为"正片叠底"，将制作好的投影图形复制到另一个"手机"上，如图8-445和图8-446所示。

图8-444

图8-445

图8-446

04 打开一个文件（光盘>素材>8.6b），如图8-447所示。复制画面中的图形，粘贴到"手机"文档中，按快捷键Ctrl+ Shift+ [移至底层作为背景，如图8-448所示。

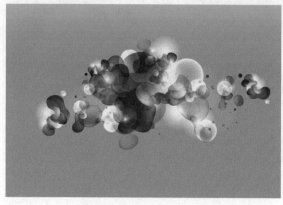

图8-447

图8-448

8.7 动漫角色造型设计

学习技巧：绘制美少女，表现皮肤与头发的质感，添加光斑效果，编辑背景图片，产生景深的感觉。

学习时间：4小时

技术难度：★★★★

实用指数：★★★★

绘制图形

制作五官和衣服

实例效果

8.7.1 关于动漫

　　动漫属于CG（Computer Graphics简写）行业，主要是指通过漫画、动画结合故事情节，以平面二维、三维动画、动画特效等表现手法，形成特有的视觉艺术创作模式。它包括前期策划、原画设计、道具与场景设计、动漫角色设计等环节。用于制作动漫的软件主要有：2D动漫软件Animo、Retas Pro、Usanimatton；3D动漫软件3ds Max、Maya、Lightwave；网页动漫软件Flash。

　　动漫及其衍生品有着非常广阔的市场，而且现在动漫也已经从平面媒体和电视媒体扩展到游戏机、网络、玩具等众多领域，如图8-449~图8-452所示。

日本动画大师宫崎骏作品《千与千寻》

图8-449

精美的动漫手办
图8-450

经典游戏《魔兽世界》中的角色
图8-451

好莱坞动画片《功夫熊猫》
图8-452

8.7.2 绘制面部和身体图形

01 使用"钢笔"工具✒绘制出美少女的面部轮廓，如图8-453所示，在"渐变"面板中调整渐变颜色，如图8-454和图8-455所示。

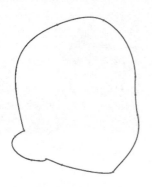

图8-453

图8-454

图8-455

02 绘制出身体轮廓，填充渐变颜色，如图8-456和图8-457所示。

图8-456

图8-457

01 执行"窗口">"画笔库">"艺术效果">"艺术效果_粉笔炭笔铅笔"命令，载入该画笔库，选择"炭笔-平滑"画笔，如图8-458所示。使用"画笔"工具绘制眉毛，设置描边粗细为0.1pt，如图8-459所示。

图8-458

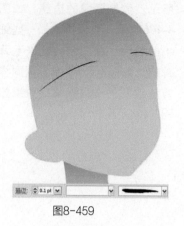

图8-459

02 使用"钢笔"工具绘制眼睛，如图8-460所示，为眼睛图形填充线性渐变，如图8-461和图8-462所示。

图8-460

图8-461

图8-462

03 绘制眼珠，在"渐变"面板中的"类型"下拉列表中选择"径向"选项，调整渐变颜色，如图8-463所示，使用"渐变"工具由眼睛的右上角向左下角拖曳鼠标，填充径向渐变，使眼睛的右上角发亮，其他区域为黑色，如图8-464所示。

图8-463

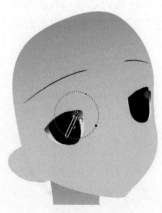

图8-464

04 使用"钢笔"工具 ✍ 绘制眼线和睫毛，如图8-465所示。绘制眼睛的边线，如图8-466所示，可以再添加一些细小的睫毛，使眼睛看起来毛茸茸的，如图8-467所示。用同样方法绘制另一只眼睛，效果如图8-468所示。

图8-465

图8-466

图8-467

图8-468

05 绘制一个圆形，填充径向渐变，如图8-469和图8-470所示。

图8-469

图8-470

06 在该圆形上面绘制一个稍大的圆形，如图8-471所示。在"渐变"面板中将两个滑块的颜色均设置为黑色，右侧滑块的不透明度为0%，使渐变颜色为黑色-透明，如图8-472所示，使用"渐变"工具 ▣ 由左上方向右下方拖曳，填充线性渐变，如图8-473所示。

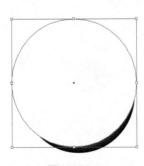
图8-471

图8-472

图8-473

07 使用"选择"工具 ▶ 选中这两个圆形，单击"透明度"面板右侧的 ▼≣ 按钮，打开面板菜单，执行"建立不透明度蒙版"命令，如图8-474所示，将上面的圆形作为蒙版图形，对下面的圆形进行遮罩，如图8-475和图8-476所示，凡是被黑色区域覆盖的都会被隐藏起来。

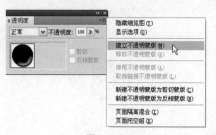

图8-474

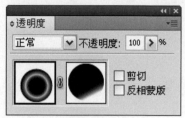

图8-475

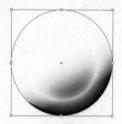

图8-476

08 将图形放在眼睛上，使眼睛看起来更加明亮，按住Alt键拖曳该图进行复制，放在右侧眼睛上，并将图形缩小以适合眼睛大小，如图8-477所示。

图8-477

09 绘制一个如图8-478所示的图形，设置不透明度为7%，如图8-479和图8-480所示。

图8-478

图8-479

图8-480

10 在眼睛上绘制4个圆形，如图8-481所示。选中其中两个大的圆形填充径向渐变，如图8-482和图8-483所示。

图8-481

图8-482

图8-483

11 执行"效果">"风格化">"外发光"命令，设置参数如图8-484所示，单击"确定"按钮关闭对话框后，再执行"效果">"风格化">"羽化"命令，设置羽化半径为0.4mm，如图8-485所示，使圆形产生发光的感觉，如图8-486所示。

图8-484   图8-485   图8-486

12 使用"钢笔"工具 ✑ 在眼睛下边绘制细一点的图形，依然填充白色-黄色渐变，使眼睛呈现水汪汪的感觉，如图8-487所示。

13 绘制双眼皮，填充线性渐变，如图8-488和图8-489所示。

图8-487   图8-488   图8-489

14 绘制鼻子，填充径向渐变，如图8-490和图8-491所示。在该图形上面再绘制一个图形，填肉粉色，如图8-492和图8-493所示。

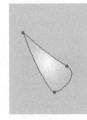

图8-490   图8-491   图8-492   图8-493

15 绘制嘴巴，填充线性渐变，如图8-494和图8-495所示。在该图形上面绘制稍小的图形，调整渐变颜色，如图8-496和图8-497所示。

突破平面 Illustrator CS5设计与制作深度剖析

图8-494

图8-495

图8-496

图8-497

16 再绘制一个非常小的图形，表现出嘴唇的厚度，如图8-498和图8-499所示。

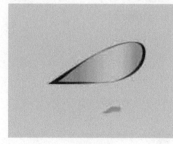
图8-498

图8-499

8.7.4 表现肌肤色泽

01 在面部绘制一个椭圆形，填充皮肤色，如图8-500所示。选择"网格"工具 ，在椭圆形的中心位置单击，添加一个网格点，在"颜色"面板中调整颜色为肉粉色，如图8-501和图8-502所示。

图8-500

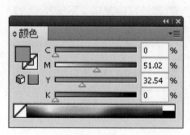
图8-501

图8-502

02 调整这个网格点上的方向线，将方向线缩短，使肉粉色的影响范围变小，将其他方向线拉长，以增加皮肤色的范围，如图8-503和图8-504所示。复制这个图形，放在另一侧脸颊和耳朵上，适当调整大小和角度，效果如图8-505所示。

图8-503

图8-504

图8-505

03 用同样方法在下巴上制作一个网格图形，在添加网格点时使用淡淡的黄色，使下巴有一点立体感，如图8-506和图8-507所示。

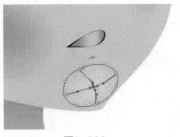

图8-506　　　　　　　　　图8-507

04 在腋窝处绘制两个图形，如图8-508所示，执行"效果">"风格化">"羽化"命令，设置羽化半径为1mm，如图8-509和图8-510所示。

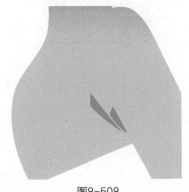

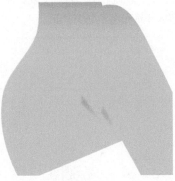

图8-508　　　　　　　　　图8-509　　　　　　　　　图8-510

8.7.5　绘制衣服

01 使用"钢笔"工具绘制衣服，填充线性渐变，如图8-511所示。使用"炭笔-平滑"笔刷描边，设置描边粗细为0.1pt，描边颜色为灰色，如图8-512所示。

图8-511　　　　　　　　　图8-512

02 绘制衣服上的带子，填充线性渐变，如图8-513和图8-514所示。

图8-513　　　　　　　　　图8-514

03 使用"钢笔"工具 ⬙
描绘轮廓，使用"炭笔-平滑"
笔刷描边，描边粗细为0.1pt，
描边颜色为棕色，如图8-515和
图8-516所示。

图8-515　　　　　　　　　　图8-516

8.7.6　绘制头发

01 单击"图层"面板
底部的 ⬚ 按钮，新建"图层
2"，如图8-517所示。使用
"钢笔"工具 ⬙ 绘制头发的轮
廓，如图8-518所示。

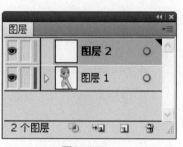 

图8-517　　　　　　　　　　图8-518

02 在"渐变"面板中调整颜色，为头发填充线性渐变，如图8-519和图8-520所示。

03 绘制开放式路径，使用系统默认的基本画笔进行描边，设置描边粗细为0.5pt，表现出头
发的层次，如图8-521所示。

图8-519　　　　　　　　图8-520　　　　　　　　图8-521

04 绘制刘海，如图8-522所示，在"渐变"面板中调整颜色，将左侧滑块的不透明度设置为0%，将图形填充线性渐变，如图8-523~图8-525所示。

图8-522

图8-523

图8-524

图8-525

05 绘制发丝的高光部分，填充渐变，如图8-526和图8-527所示。继续绘制路径图形，表现出头发的层次感，如图8-528所示。

图8-526

图8-527

图8-528

06 在刘海上面绘制一个路径，填充线性渐变，表现头发的明暗，如图8-529和图8-530所示。

图8-529

图8-530

07 执行"效果">"风格化">"羽化"命令，设置羽化半径为1.3mm，使图形边缘变得柔和，如图8-531和图8-532所示。

图8-531

图8-532

突破平面 Illustrator CS5设计与制作深度剖析

08 用同样方法绘制多个图形，表现出头发的明暗效果，如图8-533和图8-534所示。

图8-533　　　　　　　　图8-534

09 再绘制一缕被风吹起的秀发，使美少女看起来更有动感，如图8-535~图8-537所示。

图8-535　　　　　　　图8-536　　　　　　　图8-537

10 选择"图层1"，如图8-538所示。绘制出脸颊另一侧的头发，按快捷键Ctrl+Shift+ [将其移至底层，如图8-539所示。

图8-538　　　　　　　　图8-539

8.7.7　制作面部轮廓光

01 使用"选择"工具 ▶ 选中面部图形，复制并粘贴到画面空白处，如图8-540所示。按住Alt键拖曳图形进行复制，如图8-541所示，两个图形之间有一点点错位。

图8-540　　　　　　　　图8-541

02 选中这两个图形，单击"路径查找器"面板中的"减去顶层"按钮，形成如图8-542所示的图形，将图形填充浅黄色，再将左下角多余的小图形删除，将其移至面部边缘，形成面部轮廓光的效果，如图8-543所示。

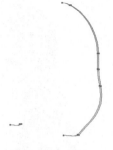
图8-542

图8-543

8.7.8 制作背景

01 新建一个图层，拖到"图层1"下方，如图8-544所示。执行"文件">"置入"命令，置入一个文件（光盘>素材>8.7），如图8-545所示。

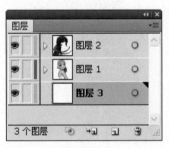
图8-544

图8-545

02 像调整图形的大小相同，适当缩小图像的高度，如图8-546所示。执行"效果">"模糊">"高斯模糊"命令，在弹出的对话框中设置模糊半径为10像素，如图8-547所示，产生景深效果，如图8-548所示。

图8-546

图8-547

图8-548

03 按快捷键Ctrl+C复制图像，按快捷键Ctrl+F粘贴到前面，设置混合模式为"颜色减淡"，不透明度为50%，如图8-549和图8-550所示。

图8-549

图8-550

04 根据画面大小绘制一个矩形，它位于"图层3"的最顶层，如图8-551所示，单击面板底部的  按钮，创建剪贴蒙版，如图8-552所示，将矩形以外的区域隐藏，如图8-553所示。

图8-551

图8-552

图8-553

8.7.9 制作光斑效果

01 新建一个图层，如图8-554所示。在头顶绘制光斑图形，填充白色，如图8-555所示。

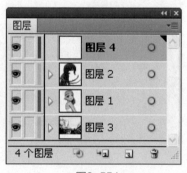

图8-554

图8-555

02 为图形添加"羽化"和"外发光"效果，设置参数如图8-556和图8-557所示，效果如图8-558所示。

03 再绘制两个光斑，设置同样的效果，如图8-559所示。

图8-556

图8-557

图8-558

图8-559

04 在刘海上绘制一个圆形，填充径向渐变，使圆心呈现粉色，边缘是无色透明的，如图8-560和图8-561所示。在肩膀上绘制圆形，将渐变颜色设置为白色-透明，如图8-562所示。在画面中绘制更多的圆形，形成闪亮的发光效果，如图8-563所示。

图8-560　　　　　　　图8-561　　　　　　　图8-562

图8-563

8.8 Mix & match风格插画设计

✎ 学习技巧：使用Photoshop中的智能对象、图像堆栈、混合模式等功能处理图像，再导入到Illustrator中添加独特的图形元素，制作一幅Mix & match风格的插画。

✎ 学习时间：3小时

✎ 技术难度：★★★★★

✎ 实用指数：★★★★★

素材

实例效果

01 运行Photoshop，按快捷键Ctrl+N打开一组人物素材（光盘>素材>8.8a～8.8h），如图8-564所示。这些素材图片都是JPEG格式的，打开"路径"面板可以看到，每个素材都提供了人物轮廓的路径，如图8-565和图8-566所示，这就省去了逐一抠图的麻烦。

图8-564　　　　　　　　　　　　　　　图8-565　　　　　　　　图8-566

02 按快捷键Ctrl+N打开"新建"对话框，Photoshop提供了预设的文件选项，如照片、Web和移动设备等，它们都包含设定好的文档尺寸和分辨率。这对于初学者和经验不足的设计师是非常有帮助的，使用预设创建文档可以使作品能够最终满足Web发布，或者画册、书籍等印刷的精度需求，与Illustrator相同，使用预设尺寸创建一个A4大小的文件，如图8-567所示。选择一个素材图片，然后按住Ctrl键单击"路径"面板中的缩览图，从路径中载入选区。使用"移动"工具 将人物拖至新建的文档中。用这种方法将其他几个素材中的人物都拖入该文档，如图8-568和图8-569所示。

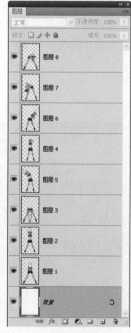

图8-567　　　　　　　　　　　　图8-568　　　　　　　　图8-569

03 单击"图层1"，按住Shift键单击"图层8"，将除"背景"图层以外的所有图层都选中，如图8-570所示；执行"图层">"智能对象">"转换为智能对象"命令，将所选图层打包到一个智能对象中，如图8-571所示。

> **→ 提示**
>
> 智能对象是一个嵌入在当前文档中的文件，它可以是光栅图像，也可以是在Illustrator中创建的矢量图形。它的智能之处体现在可以保留对象的原始数据、可进行非破坏性的变换操作（如旋转和缩放）、可以保留非Photoshop本地方式处理的数据。

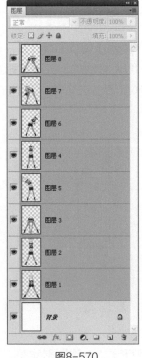

图8-570　　　　　　　　　图8-571

04 按快捷键Ctrl+J复制智能对象，生成的新图层为智能对象的一个实例，如图8-572所示。它与智能对象保持链接关系，当编辑其中任意一个对象的原始内容时，另外一个都会更新到与之相同的效果。

05 执行"图层">"智能对象">"堆栈模式">"范围"命令，创建图像堆栈。堆栈模式是基于通道起作用的，并且仅作用于非透明像素，当非透明像素的最大通道值减去非透明像素的最小通道值时（"范围"命令的工作原理），即可生成类似于负片的效果，如图8-573和图8-574所示。而我们需要的正是这种特殊效果生成的人物轮廓，尤其是几个人物腿部重叠区域的轮廓线。但是，如果要减少杂色或从图像中移去不需要的内容，则应该使用"堆栈模式"下拉菜单中的"中间值"命令来处理图像。

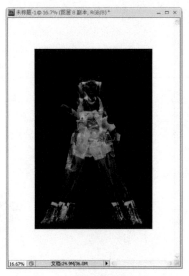

图8-572　　　　　　　　图8-573　　　　　　　　图8-574

06 将该图层的混合模式设置为"颜色减淡"，如图8-575和图8-576所示。

07 单击"添加蒙版"按钮 ，创建图层蒙版。工具箱中的前景色会自动转换为黑色，使用"画笔"工具 涂抹图像，通过蒙版将过亮的区域隐藏，如图8-577和图8-578所示。涂抹范围过大也不要紧，可以按X键，将前景色切换为白色，用白色涂抹相关区域即可恢复图像。

图8-575

图8-576

图8-577

图8-578

08 打开一张墨迹素材（光盘>素材>8.8i），如图8-579所示，将它拖入插画文档中。按下键盘中的数字键5，将图层的不透明度设置为50%，再将混合模式设置为"叠加"，如图8-580和图8-581所示。

图8-579

图8-580

图8-581

09 将"背景"图层隐藏，当前显示在画面中的黑色背景是堆栈效果与墨迹图层的内容，如图8-582所示。现在需要具有透明背景的一组人物图像，以便在人物的后面添加各种图形元素，因此，这些黑色背景是要去掉的。选择"墨迹"和"图层8副本"两个图层，按快捷键Ctrl+Alt+ G创建剪贴蒙版，将这两个图层的显示范围限定在"图层8"的不透明度区域，这样即可隐藏黑色背景，如图8-583和图8-584所示。至此，Photoshop中的工作就完成了，将文件存储为PSD格式，下面需要切换到Illustrator中添加插画图形。

图8-582

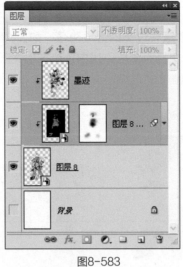

图8-583

图8-584

8.8.2 在Illustrator中添加插画图形

01 在Illustrator中按快捷键Ctrl+N，创建一个A4大小的文件。执行"文件">"置入"命令，打开"置入"对话框，选择前面保存的PSD文件，如图8-585所示，单击"置入"按钮，将它置入Illustrator文档中，如图8-586所示。

图8-585

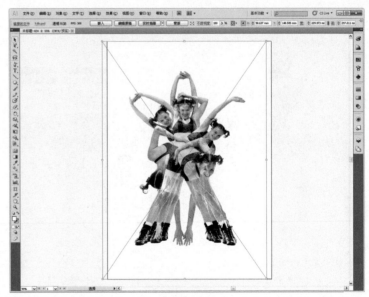

图8-586

> **⊃ 提示**
>
> 　　默认情况下，"置入"对话框中的"链接"选项处于勾选状态，置入的文件会与当前文档建立链接，而并不是实际存在于当前文档中，这样的好处是不会过多地增加文件的大小，尤其是对链接文件进行了修改，在Illustrator中可以同步更新，无需重新置入文件。缺点是如果源文件的名称、存储位置发生了改变，或者被删除，则需要重新建立链接。

02 在"图层1"的"眼睛"图标👁右侧单击，将该图层锁定。按住Ctrl+Alt键单击"创建新图层"按钮🔲，在"图层1"下方新建"图层2"，如图8-587所示。

03 下面绘制插画需要的图形，在这里着重讲解比较有代表性的3个图形的制作方法，如图8-588所示，其他图形都是采用与之类似的方法制作出来的。

图8-587

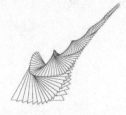
图8-588

04 使用"椭圆"工具 ◯ 绘制若干个大小不同的圆形，然后将它们选中，按快捷键Ctrl+G编组。选择"旋转"工具 ↻，按住Alt键在图形的左下角单击，将变换操作的参考点定位到单击处（红色的✛图标是参考点），如图8-589所示，与此同时会弹出"旋转"对话框，设置"角度"为20°，如图8-590所示，单击"复制"按钮，复制出一个对象，如图8-591所示。连续按快捷键Ctrl+D围绕参考点旋转并复制对象，可以生成如图8-592所示的图形。

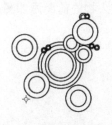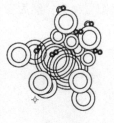
图8-589　　　　　　　　图8-590　　　　　　　　图8-591　　　　　图8-592

05 选择"弧形"工具 ╱，在画面中单击并向右下方拖曳，创建一段弧线，如图8-593所示。不要释放鼠标，按住～键（位于Tab键上方）并同时向左侧拖曳，在拖曳过程中可以复制出大量的弧线，如图8-594所示；再向右侧偏上方向拖曳鼠标（～键与鼠标一直都是按住的），随着鼠标移动轨迹的改变，生成的弧线就会产生层次感，如图8-595所示。如此反复操作生成更多的弧线，如图8-596所示。

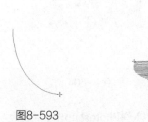
图8-593　　　　　　图8-594　　　　　　　　图8-595　　　　　　　图8-596

06 先将对象编组，然后调整宽度，再逆时针旋转90°，效果如图8-597所示。这里需要说明一下，弧线的描边颜色为黑色，无填充内容。前几个图中的弧线为红色，是由于图层的颜色是红色的，而处于选中状态下的弧线会显示出与图层相同的颜色，当取消选中时，弧线就变为黑色了。

图8-597

07 使用"多边形"工具 ⬡ 创建一个三角形，如图8-598所示，绘制时可按下↓键减少边数，并按住Shift键锁定水平方向。按快捷键Ctrl+ Shift+ Alt+D打开"分别变换"对话框，将水平与垂直缩放都设置为96%，移动设置为1mm，旋转角度设置为8度，如图8-599所示，单击"复制"按钮，基于设定的参数生成一个新的三角形，它比原图形略小，且旋转一定角度，如图8-600所示。保持图形的选中状态，连续按快捷键Ctrl+D再次变换，生成更多的三角形，即可得到如图8-601所示的图形。

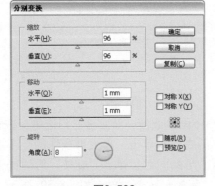

图8-598　　　　　　　　图8-599　　　　　　　　图8-600　　　　　　　　图8-601

08 根据插画画面的构图需要加入不同的图形元素进行装饰，如图8-602所示。人物背后的图形添加完毕后，可以将图层锁定，然后在"图层1"上面新建一个图层，在人物的前面添加图形，如图8-603和图8-604所示。

图8-602

图8-603

图8-604

09 现在还需要对人物进行一些调整，使画面的色调更加协调。切换到Photoshop中，如果关闭了PSD文件，可以将它重新打开。单击"图层"面板下方的 ◐ 按钮，在打开的菜单中执行"色阶"命令，打开"色阶"对话框，向右侧拖动黑场滑块，如图8-605所示，扩展图像暗部区域的范围，使色调变暗，然后关闭对话框，建立"色阶"调整图层。再创建一个"色相/饱和度"调整图层，降低色彩的饱和度，如图8-606和图8-607所示。

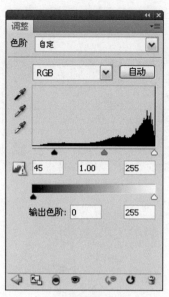

图8-605

图8-606

图8-607

10 按快捷键Ctrl+S保存文件。切换回Illustrator中，此时会弹出如图8-608所示的提示信息，单击"是"按钮，对链接到Illustrator中的PSD文件进行更新，将在Photoshop中进行的修改应用到链接的文件，完成插画的制作，效果如图8-609所示。

图8-609

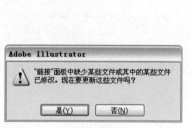

图8-608

8.9 制作CG插画

✎ 学习技巧：将位图图像制作为矢量插画，精修描摹结果，表现小号光滑的质感。

✎ 学习时间：1.5小时

✎ 技术难度：★★★★★

✎ 实用指数：★★★★★

素材   实例效果

01 执行"文件">"置入"命令，打开"置入"对话框，选择一个文件（光盘>素材>8.9a），取消"链接"选项的勾选，将图像嵌入到文档中，如图8-610所示。在控制面板中单击"实时描摹"后面的 按钮，选择"6色"选项，描摹效果如图8-611所示。单击"扩展"按钮，将描摹对象转换为路径。

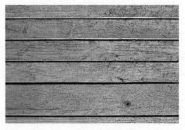

图8-610

图8-611

02 执行"效果">"扭曲和变换">"自由扭曲"命令，打开"自由扭曲"对话框，拖动对象4个角的控制点，使对象呈透视变化，如图8-612和图8-613所示。

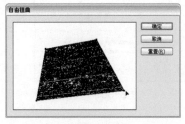

图8-612

图8-613

03 使用"选择"工具 拖曳木板图形的定界框，将木板图形放大，使它充满整个画面。使用"矩形"工具 创建一个与画面大小相同的矩形，单击"图层"面板中的 按钮，将画面以外的图形隐藏，如图8-614和图8-615所示。

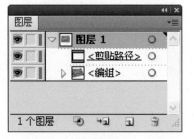

图8-614

图8-615

04 按快捷键Ctrl+C复制该矩形，按快捷键Ctrl+F粘贴到前面。双击"渐变"工具 调出"渐变"面板，为图形填充线性渐变，如图8-616和图8-617所示。

图8-616

图8-617

05 设置图形的混合模式为"正片叠底"，改变木板颜色，使画面有一种古旧的氛围，如图8-618和图8-619所示。

图8-618

图8-619

突破平面 Illustrator CS5设计与制作深度剖析

Ai

8.9.2 描摹并精修金属小号

01 锁定该图层，新建"图层2"。执行"文件">"置入"命令，选择一个文件（光盘>素材>8.9b），取消"链接"选项的勾选，将图像嵌入到文档中，如图8-620和图8-621所示。

02 在控制面板中单击"实时描摹"后面的▯按钮，选择"照片高保真"选项，尽量多的保留小号的颜色与细节，效果如图8-622所示。单击"扩展"按钮，将描摹对象转换为路径。

图-620

图8-621

图8-622

03 双击"魔棒"工具 ✦，打开"魔棒"面板，设置填充颜色容差为15，如图8-623所示，在小号背景上单击，将背景全部选中，由于小号的高光部分与背景颜色接近，也被一同选中，如图8-624所示。此时工具箱的填色图标会显示当前图形的颜色，单击"色板"中的"新建色板"按钮 ▯，将该颜色存储在色板中，如图8-625所示，按Delete键删除所选图形，为小号去除了背景部分，如图8-626所示。小号上面产生了黑色的孔洞，将在下面的操作中会进行修补。

图8-623

图8-624

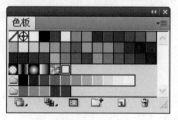

图8-625

图8-626

04 执行"文件">"置入"命令，选择一个文件（光盘>素材>8.9c），嵌入到文档中，如图8-627所示。

05 保持图像的选中状态，同样对它进行实时描摹，选择"简单描摹"选项，效果如图8-628所示。单击"扩展"按钮，将描摹对象转换为路径，如图8-629所示。

图8-627

图8-628

图8-629

06 单击"色板"中定义的色块，填充小号图形，如图8-630所示。按快捷键Ctrl+[将该图形向后移动，位于金属小号的后面，小号高光部分产生的残缺就被补上了，如图8-631所示。

图8-630

图8-631

07 按快捷键Ctrl+C复制小号高光图形，在画面空白处单击取消选中，按快捷键Ctrl+F粘贴到前面，使用渐变颜色进行填充，如图8-632和图8-633所示。

图8-632

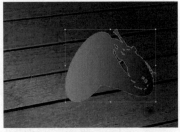

图8-633

08 设置该图形的混合模式为"叠加"，不透明度为80%，改变小号颜色，与画面颜色相协调，如图8-634和图8-635所示。

图8-634

图8-635

09 再次按快捷键Ctrl+B粘贴小号图形，该图形位于小号的最后面，填充深棕色。使用"选择"工具▶将图形压扁并调整角度，如图8-636所示。执行"效果">"风格化">"羽化"命令，设置羽化半径为6mm，如图8-637所示，效果如图8-638所示。

图8-636

图8-637

图8-638

10 使用"铅笔"工具✎绘制小号的阴影，范围尽量大一些，如图8-639所示。这样可确保添加羽化效果后，不会由于边缘变得模糊而使阴影区域看起来比原图形小。按快捷键Ctrl+Shift+ Alt+E打开"羽化"对话框，设置羽化参数为12mm，再通过"透明度"面板将混合模式设置为"正片叠底"，不透明度改为40%，效果如图8-640所示。

11 单击"图层2"前面的 ▷ 图标展开图层，将除金属小号以外的图层全部锁定，如图8-641所示。

图8-639

图8-640

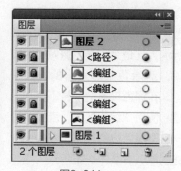

图8-641

12 下面对组成金属小号的图形进行编辑，使路径变得流畅。使用"直接选择"工具 ▷ 在高光颜色路径上单击将其选中，如图8-642所示。双击"铅笔"工具 ✐，在打开的对话框中设置平滑度的参数为80%，勾选"编辑所选路径"选项。使用"铅笔"工具在路径上拖曳，改变路径形状，减少锚点的数量，从而路径变得更加光滑，如图8-643所示。

13 按下Ctrl键切换为"选择"工具 ▷，再选中如图8-644所示的路径，释放Ctrl键在路径上拖曳鼠标，对路径进行处理，效果如图8-645所示。用同样方法处理小号受光部分的路径图形，效果如图8-646所示。

图8-642

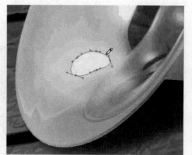

图8-643

图8-644

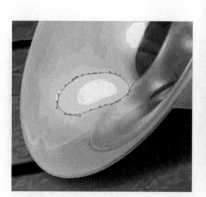

图8-645

图8-646

14 按快捷键Ctrl++将图像放大，可以看到小号的边缘有一条较亮的线，在暗部不应出现这样浅的颜色，如图8-647所示。这是为小号图像做实时描摹，清除背景时残留的背景杂色，在深色投影的映衬下更加明显。使用"编组选择"工具逐一选取浅色边缘图形，按Delete键删除，如图8-648所示。

图8-647

图8-648

8.9.3 添加纸张效果

01 按快捷键Ctrl+Alt单击"创建新图层"按钮，在当前图层下方新建一个图层，将"图层2"锁定。按快捷键Ctrl+O，打开一个文件（光盘>素材>8.9d），如图8-649所示。将图形选中，复制并粘贴到小号文件中，如图8-650所示。

02 使用"钢笔"工具绘制纸张的投影图形，填充黑色，按快捷键Ctrl+[将其移动到纸张后面。添加羽化效果，羽化半径为2.98mm。设置混合模式为"正片叠底"，不透明度为50%，效果如图8-651所示。

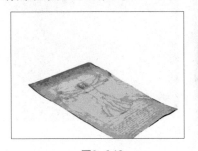
图8-649

图8-650

图8-651

03 根据画面中光源的方向，再刻画一下纸张的明暗效果。根据纸张的轮廓，在其上面再绘制一个图形，填充线性渐变，如图8-652所示。

04 设置混合模式为"正片叠底"，不透明度为60%，完成后的效果如图8-653所示。

图8-652

图8-653

突破平面 Illustrator CS5设计与制作深度剖析

附 录

常用工具快捷键

工 具	快捷键	工 具	快捷键
移动工具	V	临时切换为抓手工具	空格键
直接选择、编组选择工具	A	缩放工具	Z
钢笔工具	P	默认前景色和背景色	D
文字工具	T	切换填充和描边	X
画笔工具	B	切换为颜色填充	<
旋转工具	R	切换为渐变填充	>
比例缩放工具	S	切换为无填充	/
镜像工具	O	切换屏幕模式	F

绘图类工具快捷键

工 具	快捷键
直线段工具 ＼	按住Shift键可沿水平、垂直或以45°角为增量进行绘制；按住Alt键则以单击点为中心向两侧沿伸直线
弧形工具 ⌒	按下X键可切换弧形的凹凸方向；按下C键，可在开放式弧线与闭合式弧线间切换；按下F键可以保持绘制过程中弧线的弧度不变；按下↑、↓、←、→键，可以调整弧线的弧度
螺旋线工具 ◎	按下R键可以调整螺旋线的方向；按住Ctrl键拖曳鼠标可以调整螺旋的紧密程度；按下↑键可增加螺旋线的螺旋数，按下↓键则减少螺旋数
矩形网格工具 ▦	按住Shift键可创建正方形网格；按住Alt键，将以单击点为中心向外绘制网格；按下F键，水平网格线的间距由下至上以10%的倍数递减；按下V键，水平网格线的间距由上至下以10%的倍数递减；按下X键，垂直网格线的间距由左至右以10%的倍数递减；按下C键，垂直网格线的间距由右至左以10%的倍数递减；按下↑键可增加网格中直线的数量，按下↓键则减少直线数量；按下→可增加垂线的数量，按下←键可减少垂线的数量；如果按住~键，则可以绘制出多个网格
极坐标网格工具 ⊛	按住Shift键可创建正圆形网格；按住Alt键将以单击点为中心向外绘制极坐标网格；按下↑键可增加同心圆的数量，按下↓键则减少同心圆的数量；按下→键，可增加分隔线的数量，按下←键，则减少分隔线的数量；按下X键，同心圆会向网格中心聚拢；按下C键，同心圆会向边缘聚拢；按下V键，分隔线会沿顺时针方向聚拢；按下F键，分隔线会沿逆时针方向聚拢

工 具	快捷键
矩形工具 □	按住Shift键可创建正方形；按住Alt键，将以单击点为中心向外绘制矩形；按住Shift+Alt键，将以单击点为中心创建正方形
圆角矩形工具 □	可以使用与矩形工具相同的组合键来创建圆角矩形，此外，还可以使用方向键调整圆角半径的大小。按下↑键，可增加圆角半径直至成为圆形；按下↓键则减少圆角半径直至成为方形；按下←或→键，可在方形与圆形之间切换
椭圆工具 ○	按住Shift键可创建正圆形；按住Alt键，将由中心点向外绘制圆形；如果同时按住Shift+Alt键，可由中心点向外绘制正圆形
多边形工具 ○	在绘制多边形的过程中移动鼠标可以旋转多边形；按住Shift键可以在绘制的过程中保持一个不变的角度；按住Alt键会以单击点为中心向外绘制多边形；按下↑键可以增加边数，按下↓键则减少边数；按住Shift键可以锁定水平方向绘制
星形工具 ☆	在创建星形的过程中移动鼠标可以旋转星形；按住Shift键可以在绘制的过程中保持一个不变的角度；按下↑键可以增加边数，按下↓键则减少边数；按住Alt键可增加星形角点的角度，此时如果创建的是5边形，则可以绘制出正五角星
光晕工具 ◎	在绘制闪光图形时，射线将随着鼠标的移动而改变方向；如果按住Shift键，闪光图形的射线将保持一个方向不变；按住Ctrl键，可以调整光晕与中心点间的距离，按下~键，光圈将随着鼠标的拖动而改变位置和数量

文档与编辑操作类快捷键

任 务	操作方法	任 务	操作方法
新建文件	Ctrl+N	将剪贴板的内容在原位粘贴	Ctrl+Shift+V
打开文件	Ctrl+O	将所选对象移至顶层	Ctrl+Shift+]
关闭文件	Ctrl+W	将所选对象前移一层	Ctrl+]
保存文件	Ctrl+S	将所选对象后移一层	Ctrl+ [
另存文件	Ctrl+Shift+S	将所选对象移至底层	Ctrl+Shift+ [
恢复到上次存盘时的状态	F12	编组	Ctrl+G
还原一步操作	Ctrl+Z	取消编组	Ctrl+Shift+G
恢复一步操作	Ctrl+Shift+Z	创建剪切蒙版	Ctrl+7
选取全部对象	Ctrl+A	释放剪切蒙版	Ctrl+Alt+7
取消选择	Ctrl+Shift+A	创建混合	Ctrl+Alt+B
将选取的内容剪切到剪贴板	Ctrl+X	释放混合	Ctrl+Shift+Alt+B
将选取的内容拷贝放到剪贴板	Ctrl+C	再次变换	Ctrl+D
将剪贴板的内容粘到最前面	Ctrl+F	锁定所选对象	Ctrl+2
将剪贴板的内容粘到最后面	Ctrl+B	全部解锁	Ctrl+Alt+2
将剪贴板的内容粘到画板中央	Ctrl+V	隐藏所选对象	Ctrl+3

突破平面 Illustrator CS5设计与制作深度剖析

视图操作类快捷键

任 务	操作方法	任 务	操作方法
切换轮廓/预览模式	Ctrl+Y	实际大小显示	Ctrl+1
放大视图	Ctrl++	显示/隐藏定界框	Ctrl+Shift+B
缩小视图	Ctrl+-	显示/隐藏标尺	Ctrl+R
放大到窗口大小	Ctrl+0	显示/隐藏参考线	Ctrl+ ;
显示/隐藏路径的控制点	Ctrl+H	锁定/解锁参考线	Ctrl+ Alt+ ;

读者意见反馈表

感谢您选择了清华大学出版社的图书，为了更好的了解您的需求，向您提供更适合的图书，请抽出宝贵的时间填写这份反馈表，我们将选出意见中肯的热心读者，赠送本社其他的相关书籍作为奖励，同时我们将会充分考虑您的意见和建议，并尽可能给您满意的答复。

本表填好后，请寄到：北京市海淀区双清路学研大厦A座513清华大学出版社　陈绿春　收（邮编100084）。也可以采用电子邮件（chenlch@tup.tsinghua.edu.cn）的方式。

书名：_____

个人资料：

姓名：_____　性别：_____　年龄：_____　所学专业：_____　文化程度：_____

目前就职单位：_____　从事本行业时间：_____

E-mail地址：_____　电话：_____

通信地址：_____　邮编：_____

（1）下面的平面类型哪方面您比较感兴趣
①角色类　②静物类　③背景类　④写实风格
⑤DIY类　⑥商业类　⑦漫画类　⑧其他
多选请按顺序排列
选择其他请写出名称_____

（2）Illustrator的图书您最想学的部分包括
①路径　②图形　③渐变　④网格
⑤文本　⑥混合　⑦滤镜　⑧其他
多选请按顺序排列
选择其他请写出名称_____

（3）图书的表现形式，您更喜欢哪些类型
①实例类　②综合类　③大全类
④基础类　⑤理论类　⑥其他
多选请按顺序排列
选择其他请写出名称_____

（4）本类图书的定价，您认为哪个价位更加合理
①48左右　②58左右　③68左右
④78左右　⑤88左右　⑥其他
多选请按顺序排列
选择其他请写出范围_____

（5）您购买本书的因素包括
①封面　②版式　③书中的内容
④价格　⑤作者　⑥其他
多选请按顺序排列
选择其他请写出名称_____

（6）购买本书后您的用途包括
①工作需要　②个人爱好　③毕业设计
④作为教材　⑤培训班　⑥其他
多选请按顺序排列
选择其他请写出名称_____

（7）您对本书封面的满意程度
○很满意　　○比较满意　　○一般　　○不满意
○改进建议或者同类书中你最满意的书名
_____

（8）您对本书版式的满意程度
○很满意　　○比较满意　　○一般　　○不满意
○改进建议或者同类书中你最满意的书名
_____

（9）您对本书光盘的满意程度
○很满意　　○比较满意　　○一般　　○不满意
○改进建议或者同类书中你最满意的书名
_____

（10）您对本书技术含量的满意程度
○很满意　　○比较满意　　○一般　　○不满意
○改进建议或者同类书中你最满意的书名
_____

（11）您对本书文字部分的满意程度
○很满意　　○比较满意　　○一般　　○不满意
○改进建议或者同类书中你最满意的书名
_____

（12）您最想学习此类图书中的哪些知识
_____

（13）您最欣赏的一本Illustrator的书是
_____

（14）您的其他建议（可另附纸）

注：用电子邮件回复的读者，请将个人资料和书名填写完整，其他项目填序号和答案即可。本页复印有效。